哈佛最受欢迎的人生哲学课

hafozuishouhuanyingde renshengzhexueke

张一弛◎著

中国商业出版社

图书在版编目（CIP）数据

哈佛最受欢迎的人生哲学课 / 张一弛著. -- 北京 : 中国商业出版社, 2013.7

ISBN 978-7-5044-8134-4

Ⅰ. ①哈… Ⅱ. ①张… Ⅲ. ①人生哲学－通俗读物 Ⅳ. ①B821-49

中国版本图书馆CIP数据核字(2013)第121677号

责任编辑：张振学

中国商业出版社出版发行

010-63180647 www.c-cbook.com

（北京广安门内报国寺1号 邮编：100053）

新华书店总店北京发行所经销

北京毅峰迅捷印刷有限公司

*

710×1000毫米 16开 16印张 210千字

2013年8月第1版 2013年8月第1次印刷

定价：32.00元

* * *

前言

Foreword

你在为你的人生烦恼吗？你总是在思索活着的意义吗？你的梦想被现实摧毁了吗？你的财富人生开始了吗？激烈的竞争社会，快一秒与慢一秒的距离就是生存与死亡。成就卓越的法则就是，你要么成为成功者，创立自己的人生乐园；要么成为一个平庸的人，碌碌无为地度过自己的一生。那么，你会成为什么样的人呢？你的出路又在哪里呢？

有智者说："思想宛如一块磁铁，它只吸引它类似的东西，与你思想相左的东西是不大可能产生的，你的成就首先是在你的思想上取得的。"人生有很多困惑和迷茫，当你失去人生方向的时候，是因为你的思想不够完善。因为思维决定一个人的人生，头脑清晰和理智的人、乃至成功的人应该懂一点哲学，这样会让一个人活得更理性更智慧。那么，我们该如何面对我们的人生，我们该如何去活着呢？就让我们走进哈佛大学的教室，去听一听哈佛人是怎么说的。

众所周知，哈佛是美国历史上第一所大学，有"先有哈佛，而后有美利坚"的说法。哈佛大学被誉为美国政府的思想库。先后诞生了八位美国总统，四十位诺贝尔奖得主和三十位普利策奖得主。哈佛的一举一动决定着美国的社会发展和经济的走向。

如今，哈佛被看成是思想的制高点，有人说，只要从哈佛撷取一点儿思想的精华，她就能让你变得与众不同，甚至是独一无二。如今，世界各地的人们都在关注和追随哈佛，希望能从中得到思想的沐浴。可遗憾的是，不是每个人都了解哈佛的核心思维，更不是每个人都有幸能进入哈佛大学深造。为了让更多人得到哈佛思想的洗礼，我们将哈佛最喜欢的人生哲学课编撰成册，供更多的人汲取哈佛的文化精华。

本文选取了十位哈佛知名教授亲自“授课”的精华，聆听他们从十个不同方面去解读人生。有桑德尔教授关于性格的高见，劳伦斯教授对处世智慧的运用，塞奇教授对潜能的认识等，包含什么幸福，人的正能量在哪里和最高的职业素养等十个当下人最关心的话题。从这十位大师的课程中，我们可以看到哈佛大学所推崇的人生哲学，在聆听丰富而实用的哲学思想的同时，让我们找到成功的力量，帮助我们从残酷的竞争丛林中脱颖而出，成为未来的顶尖社会精英。

目录

Contencs

第01课

迈克尔·桑德尔教授关于“性格”的讲座
——性格决定一个人的命运

第02课
罗伯特·劳伦斯教授关于“处世”的讲座
——哈佛最推崇的处世秘诀

第03课
安东尼·塞奇教授关于“潜能”的讲座
——每个人都有自己的优势

第04课

玛莎·舒瓦茨教授关于“自信”的讲座
——有信心才会有未来

第05课

伊莱恩·凯玛克教授关于“幸福”的讲座
——哈佛追寻的快乐法门

第6课
佛朗西斯科·凯斯利教授关于“言行”的讲座
——为自己的一言一行负责

第07课
拉摩尔·亚历山大教授关于“工作”的讲座
——哈佛所提倡的职业素养

第08课

德里克·博克教授关于“人生挫折”的讲座
——失败是成功的垫脚石

第09课

尼尔·鲁登斯坦教授关于“成功”的讲座
——你可以复制成功

第10课
哈维·曼斯菲尔德教授关于“爱”的讲座
——爱是生命最艳丽的色

第01课

迈克尔·桑德尔教授关于“性格”的讲座

——性格决定一个人的命运

哈佛大学教授迈克尔•桑德尔发现：性格是表现在每个人的态度与行为方面的较为稳定的心理特征，是个性的重要组成部分。它不仅影响着一个人的婚姻家庭、生活状况，同时也影响着一个人的人际交往、职业升迁、事业发展等。

迈克尔·桑德尔（Michael J. Sandel），哈佛大学政治哲学教授、美国文理科学院院士、社群主义的代表人物。1953年3月5日出生，于1975年毕业于布兰迪斯大学。后来到英国牛津大学贝利奥尔学院学习，并获得了博士学位。毕业后受聘于美国哈佛大学政府系，上世纪80年代初以其对罗尔斯正义论的批评而蜚声西方学界。他以其1982年所著的《自由主义与正义的局限》一书中对罗尔斯《正义论》的批评而闻名。

桑德尔教授曾出任美国前总统小布什政府办公室顾问，并曾于2007年到访中国多所高校和科研机构。

第1讲　心态决定我们一生的命运

心态就是性格加态度。性格就是一个人独特而稳定的个性特征，他表现一个人对现实的心理认知和相应的习惯化的行为方式。态度是一个人对客观事物的心理反应。心态也是人的一切心理活动和状态的总和，是人对周围、社会生活的反映和体验，它对一个人的思想、情感、需要、欲望有着决定性的影响，它决定着一个人对待工作、对待生活的态度。人的状况受环境的影响，但如何看待人生、如何把握人生是由我们的心态决定的。播下一种心态，收获一种思想，播下一种思想，收获一种行为；播下一种行为，收获一种习惯；播下一种习惯，收获一种性格；播下一种性格，收获一种命运。可见心态决定着命运。让我们从现在开始，拥有一种积极的心态，让我们整个身心都充满勇气和智慧。

在我看来，成功人士的首要标志就是他的心态，如果一个人的心态是积极的，乐观的面对人生，乐观的接受挑战和应付困难，那他就成功了一半。

我们必须面对这样一个事实，在这个世界上成功卓越者少，失败平庸者多，成功卓越者活得充实、自在、潇洒，失败平庸者过得空虚、艰难、猥琐。为什么会这样？

仔细观察，比较一下成功者与失败者的心态，尤其是关键时刻的心态，我们就会发现心态导致人生惊人的不同。

在哈佛大学广泛流传着一个这样的故事：两个欧洲人到非洲去推销

皮鞋，由于炎热的非洲向来都是打赤脚的。第一个推销员看到非洲人都打赤脚，立刻失望起来：“这些人都打赤脚，怎么会要我的鞋呢。”于是放弃努力，失败沮丧而回；另一个推销员看到非洲人都打赤脚，惊喜万分：“这些人都没有皮鞋穿，这皮鞋市场大得很呢。”于是想方设法，引导非洲人购买皮鞋，最后发大财而回。

这就是一念之差导致的天壤之别。同样是非洲市场，同样面对打赤脚的非洲人，由于一念之差，一个人灰心失望，不战而败；而另一个人满怀信心，大获全胜。

生活中，失败平庸者多主要是心态观念有问题。遇到困难他们只是挑选容易的倒退之路。“我不行了，我还是退缩吧。”结果陷入失败的深渊。成功者遇到困难，仍然是积极的心态，用“我要！我能！”“一定有办法”等积极的意念鼓励自己，于是便能想尽办法，不断前进，直至成功。

一个人能否成功，关键在于他的心态。成功人士与失败人士的差别在于成功人士有积极的心态，成功人士运用积极的心态支配自己的人生，他们始终用积极的思考、乐观的精神和丰富的经验支配和控制自己的人生，失败人士是受过去的种种失败与疑虑所引导和支配，他们空虚、猥琐、悲观失望、消极颓废，最终走向了失败。

运用积极的心态支配自己人生的人，拥有积极奋发、进取、乐观的心态，他们能乐观向上地正确处理人生遇到的各种困难、矛盾和问题。运用消极的心态支配自己人生的人，心态悲观、消极、颓废，不敢也不去积极解决人生所面对的各种问题、矛盾和困难。

有些人总喜欢说，他们现在的境况是别人造成的，环境决定了他们的人生位置，这些人常说他们的想法无法改变。但是，事实上我们的境况不是周围环境造成的。说到底，如何看待人生，由我们自己决定。纳粹德国某集中营的一位幸存者维克托•弗兰克尔说过：“在任何特定的环境中，人们还有一种最后的自由，就是选择自己的态度。”

我的同事马尔比•D•科克说：“最常见同时也是代价最高昂的一个错

误，是认为成功有赖于某种天才，某种魔力，某些我们不具备的东西。”可是成功的要素其实掌握在我们自己的手中。成功是运用积极心态的结果，一个人能飞多高，并非由人的其他因素，而是由他自己的心态所制约。我想，这种观点在哈佛会被很多人所接受。

我们每天都面临不同的处境，注定我们要有一个从容乐观的心态去面对，适时的调节自己的心态。我们要明白，人生的路本来就是坎坷的，没有什么可以破坏我们的好心情。我们需要的是健康和谐的精神状态和生活方式。

心态是我们命运的控制塔，消极心态是失败、疾病与痛苦的源流，而积极心态是成功、健康、快乐的保证！心态决定成败，无论情况好坏都要抱着积极的心态，莫让沮丧取代热心，生命可以价值很高也可以一无是处，二者的区别在于你自己的选择。

选择了积极心态的人，则会达到成功的彼岸，选择了消极心态的人，会导致失败。有些人只是暂时使用积极的心态，当他们遇到了挫折，就失去对它的信心。他们开始是对的，但是一遇到挫折，则将隐形护身符从积极心态的一面翻转到消极心态，以消极心态来麻痹自己，来慰藉自己，来封闭自己，期望凭着他们的消极心态，天上会掉下馅饼。

实际上，一个人在生活中总是寻找消极东西的话，消极心态就会成为一种难以克服的习惯，这时即使出现好机会，这个消极的人也会看不见抓不着，他会把每种情况都看作一种障碍，一种麻烦。障碍与机会有什么差别呢？关键在于人们对它的态度而定。积极的人视挫折为成功的踏脚石，并将挫折转化为机会，消极的人视挫折为成功的绊脚石，任机会悄然而逝。

哈佛人生箴言

面对同样的机会，充分运用积极心态的人能获得人生中有价值的东西，而充分运用消极心态的人则看着幸福渐渐远去，心里懊悔，却不见有任何行动，这样只会错失良机。

第2讲　我为什么要你了解性格

人的性格世界像一个丰富多彩的百花园，走进这个百花园你就能看清性格中的每个个体，看清个体之间的优点与缺点、有序与无序，看清个体与整体的联系。只有如此，你才能真正把握好性格的脉搏，追求到性格的美好与和谐。

当你了解性格的规律性后，你就会乐观地接受他人的个性，对他人豁达、宽容起来。不经过你本人同意，任何人无权让你感觉差人一等。你有享受快乐的权利，也有做一个卓越的人的权利。

我要提醒的是：性格并无好坏之分。不同的性格、策略与原则，在迈向成功的道路上也会有不同的选择。属于某一种类型个性的审美领域本来就不是很开放的，每个人的性格里都自有一种优势存在，不要只盯住自己的个性弱点去苛求所谓的完美。

实际上，只要你不带着偏见深入地审视自己，总会找到属于自己个性中的优势。不同性格的人都可以成功，性格本身没有好坏之分，关键是我们如何去运用它，如何运用好的方法让大家都能够得到成长与成功，这就是性格分析可以带给我们的收获。

每一个人对成功的定义理解都不同，真正的成功应是全方位的，包括朋友、家庭、心灵、时间与金钱等，但最终是精神上的东西难以战胜自我。有段话说得很恰当：买得起房子，却买不到家庭；买得起好药，却买不来健康；买得起高档商品、化妆品，却买不来青春。没钱是万万不能的，但有钱也没什么了不起，毕竟金钱买不来自己的真爱。人是精神和物质相交融的产物，你只有主宰了自身的性格优势，才能主宰自身的命运。

健康的性格作为人生的一种行为方式，其主要的性格行为取向被认为是个人充分发挥潜能和价值的能力。拥有健康性格无疑是现代人健康最主要的生活价值观取向。

了解自己的性格不仅对个人重要，而且对社会也是很重要的。一个人要在社会中，甚至在家庭中做一个有作为的参与者，就必须能与他人建立积极的关系。常常对人怀有敌意、嫉妒、猜忌、分裂之心的人，仅顾自己、阴阳怪气、古怪孤僻的人，不但没有机会很好地参与社会生活，不能充分地发挥自己的潜能和价值，还会给人与人之间的关系带来伤害。由此，我们要积极地培养自己的健康性格，使自己能够很好地适应社会生活，保持内心的和谐。

了解自己，从人类丰富的知识宝库中汲取养料，以培养自己的智慧，提高自己的聪明才智。树立健康的性格，要学会从知识海洋中正确认识自身，处理好自己与行为的关系；学会战胜寂寞、绝望与烦忧，处理好自己与环境的关系；学会在工作中获取成就，处理好自己闲暇娱乐活动与工作的关系，从而形成自己良好的知识素养、文化素养、道德素养和思想素养；学会正确处理自己与他人的关系。

一个人的一生的奋斗过程其实就是战胜自我的一个过程，要想战胜自我，首先要尽量地了解自身的性格。假如对自身的性格优点、缺点都不了解，就很难在工作中扬长避短、挑战自我。

每个人对自己要有一个基本的认识，能比较客观地看待自己的能力、性格。当你发展顺利、平步青云、一路鲜花掌声的时候，不要忘了时刻提醒自己要保持清醒，不能滋生骄傲情绪。要像刚起步时那样看待自己的朋友，看待生活，要一如既往地勤奋、忠实。很多人在取得一点成绩以后认不清自己，把自己和原来的“我”分开，同时也把自己和朋友、亲人分开，使自己游离于社会之外。其实，在很多人眼里，他这时已经是个另类人物。一个人一旦失去了一颗平常心，他也就离失败不远了。一些成功的企业家之所以会没落，就是因为没能很好地找准自己的坐标，没能把现在的自己和原来的自己联系起来。而且当一个人成功时，周围人的吹捧也是最容易令其乱了方寸的，所以明白人永远是以自己心中的自我为基准，绝不在乎别人的吹捧。

最后，我要提醒各位：任何一个人的性格，都是一个构造独特的世界，蕴藏着极大的能量。它的爆发，既可以将你推入万丈深渊，也可以助你走向成功的彼岸。

哈佛人生箴言

了解自己，就要认识性格，认知性格的内涵，造就积极健康的心态；就要把握命运的风帆，从而在潮起潮落的人生航程中不至于触礁遇险。

第3讲　性格的四大基本特征

性格比人性、人格的概念更为广泛，它既有天生的、遗传的因素，也有后天的、社会的因素。我们只有准确地把握性格决定行为的规律，对性格与成败的关系有深刻的了解，充分把握性格与生俱来的特征和后天环境造成的变化，才能准确地把握自己的性格。

其实，性格是一个十分复杂的构成物，它包含着各种侧面，具有各种不同的特征。你了解性格的特征吗？性格的特征，就是指性格各个不同侧面的特征。它归纳起来可分为，性格的态度特征、性格的理智特征、性格的意志特征、性格的情绪特征四个方面。

1. 性格的态度特征

人对现实的态度是性格特征的重要组成部分。它直接体现了一个人所特有的、稳定的倾向，也是一个人本质属性和世界观的反映。人对客观现实的态度是多种多样的，主要表现为心理与各种社会关系方面的特征，即个人与社会的关系、个人与集体的关系、个人与他人的关系以及对待自己的态度等方面的性格特征。

(1) 对社会、对集体、对他人的态度的性格特征主要体现为：公而忘私或假公济私，忠心耿耿或三心二意，热爱集体或自私自利，正直或虚伪，有同情心或冷酷无情等。

(2)对工作和学习的态度的性格特征主要体现为：认真或马虎，细致或粗心，勤劳或懒惰，节俭或浪费，勇于创新或墨守陈规等。

(3)对自己的态度的性格特征主要体现为：谦虚或骄傲，自尊或自卑，严于律己或放任自由等。

2.性格的理智特征

人在认知过程中的性格特点体现了性格的理智特征。人认知的水平差异表现为能力的不同，人认知的活动特点与风格称为性格的理智特征。

（1）感知方面的性格特征

人在感知方面的个别差异可以区分为：主动观察型和被动感知型，逻辑型和概括型，记录型和解释型，快速型和精确型等。

（2）记忆方面的性格特征

人在记忆方面的个别差异可以区分为：主动记忆型和被动记忆型，直观形象记忆型和逻辑思维记忆型等。

（3）思维方面的性格特征

人在思维方面的个别差异可以区分为：独立型和依赖型，分析型和综合型等。

（4）想象方面的性格特征

人在想象方面的个别差异可以区分为：主动想象型和被动想象型，敢于想象型和想象受阻型，幻想型和现实型，反映独立型和反映依赖型，狭窄想象型和广阔想象型等。

3.性格的意志特征

一个人的行为方式往往能反映出性格的意志特征，它是人对自己行为的自觉调节能力，包括发动和制约两方面，对于人的独立性、主动性、自制力、坚韧性等方面具有促进强化或抑制削弱的作用。它在人的性格中具有十分重要的位置。

(1)对行为自觉控制水平的性格特征：主动型或被动型，自制力或冲动型等。

(2)对行为目的明确程度的性格特征：目的型或盲目型，独立型或依赖型，纪律型或散漫型等。

(3)在长期工作中的表现特征：有恒心型或见异思迁型；坚韧型或虎头蛇尾型等。

(4)在紧急或困难情况下的表现特征：勇敢型或怯弱型；沉着型或惊惶失措型；果断型或优柔寡断型等。

4.性格的情绪特征

一个人经常表现的情绪活动的强度、稳定性、持久性和主导心境方面的特征就是性格的情感特征，它直接控制、影响人的自我状态。性格的情绪特征又被称为性情。

（1）情绪稳定性的性格特征

主要表现为个人情绪起伏波动的程度，例如：有的人情绪平静，容易控制；有的人情绪易冲动，难以控制等。

（2）情绪强度的性格特征

主要表现为个人受情绪影响程度和情绪受意志控制的程度，如：有的人情绪体验比较微弱，容易受意志的控制；有的人情绪体验强烈，难以受意志的控制等。

（3）情绪持久性的性格特征

主要指个体情绪保持时间的持久性或短暂性，如：有的人情绪活动时间长，影响大；有的人情绪活动时间短，影响小等。

（4）情绪主导心境的性格特征

不同的主导心境在一个人身上表现的程度不同，如：有的人受主导心境支配的时间长，有的人受主导心境支配的时间短；有的人愉快，有的人忧伤等。

需要强调的是：我们不要把偶然的态度和一时的行为方式当做人的性格特征。人的性格特征具有长期性、稳定性、惯性行为等特点。

哈佛人生箴言

性格的各种特征并不是孤立的，而是相互联系的。它们在个体身上结合为独特的统一体，从而形成一个人不同于他人的、独有的性格。

第4讲 乐观性格是获得成功的动力

乐观者在做一件事的时候，哪怕是很难的一件事，哪怕是没有成功的希望，但他们还是满怀斗志去做。在乐观者的眼里，人生没有什么不可能，他们总是充满前行的能量。那么，为什么乐观者会有无穷干劲，并最终获得成功呢？

乐观是人生成功的动力，拥有乐观的心态，会给一个人事业的发展增加强劲动力。或许你会质疑，乐观真的会产生这样强大的力量吗？

我在哈佛实验室曾经和一位著名的心理学家做了这样一个实验：我们用三个人来测试心理变化对生理产生的影响。在三种不同的情况下，我让这三个人用全力握住测力计。实践证明：在清醒状况下，他们的平均抓力只有100磅。当他们被催眠后，抓力就变成了29磅——这是正常体力的三分之一。第三次测试时，我告诉他们我在给他们催眠，并给予了他们能量，他们的平均抓力居然达到140磅。事实证明：当人们心中充满积极有力的思想时，抓力将多出将近一半。所以，积极的暗示会产生力量。

可见，力量的大小有时不是体质决定的，心理也会对其产生影响。研究那些成功人士会发现，他们的成功离不开积极乐观的心态，因为他们心态乐观，才使得他们有足够的力量应对困难，有力量搏取成功。

到目前为止，在美国整个职业篮球联盟中，博格斯是最矮的一个。博格斯很矮，但他能在巨人如林的篮球场上竞技，并且跻身大名鼎鼎的NBA球星之列。

有人或许会说，作为NBA的球员，身高是第一位的，博格斯没有足够的身高——甚至和普通人相比，他都是个“二等残废”。那么，是什么促使他选择篮球的呢？又是什么让他成为一个篮球明星呢？

原来，博格斯的成功主要归功于乐观的心态。

博格斯从小就很喜爱篮球，可因长得矮小，伙伴们都瞧不起他。有一天，他伤心地问妈妈：“妈妈，我还能长高吗？”

妈妈鼓励他说：“博格斯，你不仅能长高，而且还会长得很高很高，会成为人人都知道的大球星。”从此，博格斯就一直认为，自己绝不会一直这样的矮，一定会长高的。

“既然自己还能够长高，那就不用担心什么啦。”博格斯放心了。他明白，作为一个职业球员，一定要有精湛的球技。于是，博格斯开始苦练篮球技术。在博格斯看来，把球技练好，自己也长高了，也就能进入美国职业篮球联赛了。

可是后来博格斯发现，自己不能再长高了。但这时，身高对他来说已经不重要了，因为在大学联赛的赛场上，人们看到从下方来的球百分之九十都被他抢走，他就凭借自己个矮的优势飞速地运球过人。因为表现突出，不久就被球探看中，被招进NBA。在博格斯进入当时名列NBA第三的夏洛特黄蜂队时，在一份关于他的技术分析表上写着：投篮命中率50%，罚球命中率90%。

篮球专家分析说：“夏洛特黄蜂队的成功在于蒂尼·博格斯的矮”，博格斯技术好，他发挥了矮个子重心低的特长，从而成为一名断球能手。

博格斯成功了，他多次被评为最佳球员。当有记者问他：“你这样矮，是什么让你选择一个高个子才会选择的职业？”

博格斯回答说：“因为我不相信自己会一直这样矮。”

个子矮没能让博格斯沮丧，而是积极地调整自己，最终他成功了。假如博格斯早早地就断定自己不能再长高了，那么，他可能就不会选择篮球，因此永远埋没自己的篮球天赋而成为一个庸人。

可见，在心态积极的人眼里，世上没有什么让他遗憾的事，更没有所谓的绝境。因为他们知道，命运从来都是公平的，不会让一个人在绝境中死去，除非这个人自己绝望。因为上帝关上一扇窗，必为你打开一道门。失败的人只会为关上的那扇窗而悲伤，在悲伤中失败；成功的人会为打开的那道门而欢喜，并且在欢喜中成功。所以，一个人能否成功，关键在于他眼里“有个门”还是“没了窗”。

在一次海难中，两位幸存者被海浪冲到了一个荒岛上。

荒岛上长满了野果。甲满怀信心对乙说：“太好了，我们至少不会饿着肚子来等待救援了。”于是开心地品尝着野果。

乙满脸忧虑，他对鲜美的野果没有任何食欲，而是悲观地说：“冬天就要到了，没有野果，我们迟早会被饿死的。”

很快，荒岛上野果越来越少，乙绝望了，开始给家人写遗言。而甲搭了一个小茅屋准备过冬，并开始储存食物。

每天，他们都希望经过的船只能看见他们并搭救他们，可是一天天过去了，很少有船只经过，即使有一两艘货船从远方的驶过，但无论他们怎么呼喊，可就是没有人发现他们。

一天，当他们找食物回来时，发现小茅屋起火了，浓烟滚滚，所有的食物都被烧毁了。

刹那间，乙的精神彻底崩溃，一下子晕倒了，再也没有醒过来。

甲也显得很沮丧，但他相信，救援的船只可能在看到这股浓烟后，会来救他。

第二天早上，轮船的声音唤醒了甲，这艘船是来营救他的。

“你们一定是看到了浓烟才知道我们被困在这儿了吧？”他问营救者。

“是的，我们看到了浓浓的烟，便一刻不停地往这边赶来了。”营救者们说。

果然，那场几乎让人绝望的大火救了他。

就这样，返航的救援船多了两个人：一个乐观者和一个悲观者，只不过一个是活人，一个是尸体。

遭遇海难，但是会有避难的小岛；虽然是荒岛，但岛上会有他们充饥的野果；当一切都没有的时候，他们会有一艘救援的船。很多时候，上帝在给你关上一扇窗的同时，会为你打开一道门。所以，我们没有必要为人生的很多困境而伤心。因为无论遭遇什么样的憾事，只要你保持积极的心态，这样，你就能够从中发现新的契机，从而走出困境。

哈佛人生箴言

无论遭遇什么样的困境都不要绝望，因为在每一个困境后面，总会有另一种美好。也许，在困难的旁边，上帝早已为你准备了机遇，只看你有没有能力去发现。

第5讲　为自己培育善良的秉性

要学会始终与人为善，当你处于领导地位时，就更应如此。拥有这样的美名，君王也能赢得众人的拥护和爱戴。这有一个最大的好处，就是能比他人有更多的机会去做与人为善的事。所谓朋友，就是那些能够给你提供帮助、友善待你的人。所以，你一定要注意广结善缘，培养善良的秉性。

世事有光明的一面，也有黑暗的一面。能始终用善处世，黑暗的一面也常会被光明的心地所照耀，逐渐变为光明。

海伦·凯勒一生下来便是聋哑盲人，世上所有的不幸全都降临到她的身上，她失去了和周围人进行正常交际的能力，只有当她把手伸向别人时，她才会体验到爱人与被爱的幸福。最后，一位虔诚而伟大的教师沙利向海伦伸出了友爱之手，使这位天生不幸的女孩也成了一位快乐、幸福及成就卓越的人，并且令许多天生正常的人也无法企及。

海伦·凯勒曾经这么写道："任何人出于她的善良的心，说一句有益的话，发出一次愉快的笑，或者为别人铲平不平的道路；这样的人就会感到他的欢欣是他自身极其亲密的部分，以致使他终生追求这种欢欣。"

在犹太人中流传着这样一个故事：

一个中年妇女中午在家门口碰到三位老人，她上前对老人们说："你们一定饿了，请进屋吃点东西吧！""我们不能一起进屋。"老人们说。

"为什么？"中年妇女不解。

一位老人指着同伴说："他叫成功，他叫财富，我叫善良。你现在进屋和家人商量一下，看看需要我们当中哪一位？"中年妇女进屋和家人商量后决定把善良请进屋。她出来对老人们说："善良老人，请到我家来做客吧。"善良老人起身向屋子走去，另两位叫成功和财富的老人也跟进来了。中年妇女感到奇怪，问成功和财富："你们怎么也进来了？"

老人们都回答说："哪里有善良，哪里就有成功和财富。"

哈佛的做人哲学，素来讲求一颗善良的心。因为有了善良的心，思想也就纯洁无污。心志纯良，便不会做出奸诈险恶的事情。所以，也不会受到外界的诱惑，而失去做人的准则，与坏人同流合污。虽然社会上充斥着许多罪恶，潜藏着许多陷阱，但是只要我们保存一颗善良的心，就能与邪恶气焰对抗，并且扩大善良风气的影响力，社会上的罪恶必能减少。

每个人都必须承认他人的存在价值，必须用善良的心对待别人，使之能充分发挥特质，而达到最有效地运用。这是顺应自然理法的生存方式，我们必须从人类社会的各方面去思考、去运用、去实践，这样可以带来更大的进步与发展。

人的生存与发展离不开周围人的配合，我们应该善待他人。你不妨在你和狗之间做个实验。你去抚模它，对它很和气地说话，它就会感激地摆动尾巴。你允许的话，它还会试着舔你的手和脸。假如你喝斥它或是打它，它会畏缩、咆哮，甚至想咬你。人的反应也如此。不管是什么动机，出于好心的冲动或是对因果规律的认识促使你为别人做了某件事，结果同样是善有善报。

美国黑人杰西克·库思是当时美国一家名不见经传的小报记者。因为种族歧视，在那家报社中他感到四面楚歌，受人排挤。与别人交往更成了他最头疼的事。

那时，美国企业家哈默已蜚声世界，报社总编希望几位记者能够采访到哈默，以提高报纸的声誉与卖点。

杰西克便在心底暗暗发誓，一定要独立完成稿子，以便让他们不敢轻视自己。

有一天深夜，杰西克终于在一家大酒店门口拦住哈默，并诚恳地希望哈默能回答他的几个问题。

对杰西克的软磨硬缠，哈默没有动怒，只是和颜悦色地说："改天吧，我有要事在身。"

最后迫于无奈，哈默同意只回答他一个问题。杰西克想了想，问了一个最敏感的话题："为什么前一阵子阁下对东欧国家的石油输出量减少了，而您最大的竞争对手的石油输出量却略有增加。这似乎与您的大腕身份不符。"

哈默依旧不愠不火，平静地回答道："关照别人就是关照自己。而那些想在竞争中出人头地的人如果知道，关照别人需要的只是一点点的理解与大度，却能赢来意想不到的收获，那他一定会追悔莫及。关照，是一种最有力量的方式，也是最好的一条道路。"

哈默离去后，杰西克怅然若失地站在街头。

从那以后，杰西克与报社的其他同事坦诚相待，他知道，理解和大度最容易缩短两颗敌视的心之间的距离，而关照就是两颗心之间的最美丽的桥梁。

慢慢地，同事们不再排挤他了，亲切地称呼他为"黑蛋"。而直到多年之后，他卸下报社主编的重担，一个人隐居在乡间安享晚年的时候，围着他周围蹦蹦跳跳的各种肤色的孩子依然叫他"黑蛋"，因为，他的邻居们已经不记得他叫什么名字了。

不难看出这一切都是善良的力量。他使一个人懂得与人为善，不断的行善。善良会使一个人的人生变得更加美好。

哈佛人生箴言

人性本是善良的，人能向善，人能为善。人能向善，人才能使自己趋于美好；人能为善，人的世界才能趋于美好。

第6节　哈佛也喜欢有幽默感的人

幽默是一种能力，也是一种人生态度。虽说幽默这东西多点少点既不碍吃也不碍穿更不碍活着（似乎是一个奢侈品），但有了它，你就能够在社会上与人群相处得更融洽、更滋润。你会适时地调整自己的生态平衡，化解矛盾，缓和敌意，安然渡过一个个人生难关。幽默还是一种人生的境界，以大气和超脱为精神基础的幽默，是生命体验的高格调。它能超越人生的失落感、苦难感以及卑鄙的急功近利，它以追求浪漫的人生理想和真正意义上的自我价值为人生准则，从而实现自己的终极追求。幽默更是一种人生的大智大勇。它相信地球永远只朝好的方向转，人性的潜能是“正无限”的，幽默者是真正的乐观主义者。

具有幽默感的人，都有一种超群的人格，能自己感受到自己的力量，独自应付任何困苦的环境，并且这样的人最受欢迎。像这样具有幽默感的人，历史上并不鲜见，文学大师歌德就是一位闪耀着幽默光彩的智者。

有一天，歌德在魏玛公园散步。在一条只能过一个人的过道上，他迎面遇到了一个曾经对他的作品提过尖锐意见的批评家。

这位批评家大声喊道："我从来不给傻瓜让路！"

"而我则恰恰相反！"歌德边说边微笑着让在一旁。

我们或许不能像歌德那样超凡脱俗，但我们确实可以时时去转动一把钥匙——幽默。用幽默来使自己开心，使自己精神超脱尘世的种种烦恼；用幽默来增加活力，使生活多一点情趣；用幽默来使自己令人难忘，同时给人以友爱与宽容；用幽默来使自身乐观、豁达——不仅仅如此，幽默还可以润滑严酷的现实机器，超越用其他方法所无法超越的限制。

有一天，著名诗人劳尔正在伏案创作，突然，有人敲门，原来是仆人送来一件邮包。寄件人是劳尔的朋友麦克先生。劳尔因紧张地写作而感到有些疲倦，又因被人打断写作思路而显得很不高兴。他不耐烦地打开邮包，里面包着层层纸张。他撕了一层又一层，终于拿出一张小小的纸条。小纸条上写着短短的几句话："亲爱的劳尔，我健康而又快活！衷心地致以问候。你的麦克。"

尽管劳尔感到不耐烦，但是这个玩笑却逗得他十分快乐，疲倦感即刻消失。他调整情绪后，决定对他的朋友也开一个玩笑。

几天后，麦克先生收到了劳尔的一个邮包。那邮包重得很，他无法自己把它拿回家去。他雇了一个脚夫帮他扛回家。到家后，麦克打开了这件令人纳闷的邮包。他惊奇地发现里面是一块大石头。石头上有一张便条，上面写着："亲爱的麦克！看了你的信，知道你又健康又快活，我心上的这块石头落地。我把它寄给你，以永远纪念我对你的爱。"

幽默是一种能抓住可笑或具有诙谐性的想象。幽默是人们为改善自己情绪和面对生活困境时所产生的一种需要。它的形成主要在于人们的情绪。当你对他人的幽默以快乐和肯定来回应时，当你帮助他人感受快乐时，健康的幽默就已经产生了。

友善的幽默能表达人与人之间的真诚、友爱，能沟通心灵，拉近人与人之间的距离，填平人与人之间的鸿沟，是希望和他人建立良好关系的不可缺少的东西。

特别是当一个人要表达内心的不满时，如果能使用幽默的语言，别人听起来会更顺耳一些。当一个人需要把别人的态度从否定改变到肯定时，幽默具有很强的说服力。当一个人和他人关系紧张时，即使在一触即发的关键时刻，幽默也可以使彼此从容地摆脱不愉快的窘境或消除矛盾。

有一天，英国著名的文学家萧伯纳在街上行走，被一个骑自行车的冒失鬼撞倒在地上，幸好没有受伤，只虚惊了一场。骑车的人急忙扶起他，连连道歉，可是萧伯纳却惋惜地说："你的运气不佳，先生，你如果把我撞死了，你就可以名扬四海了！"

萧伯纳的这一句妙语，把他和肇事者双方从不愉快的、紧张的窘境中解放出来，使这场事故得到友好的处理。萧伯纳的幽默不仅使自己给对方留下了难忘的印象，同时又给人以友爱和宽容。

我们可运用幽默来增强活力，从幽默中汲取力量来应付任何困境，摆脱种种烦恼。一个不懂得幽默的人，他就不懂得调节情绪的方法，他所遇到的困难也就越多，他的情绪也最容易消沉。因此，面对困难重重的人生，我们必须学会和训练自己的幽默感。

法拉第是近代电磁学的奠基人，他的发明为电的应用开拓了广阔的前景。但是，在电灯、电话、电动机等发明之前，不少人怀疑电的用处。

一次，法拉第在作完电磁感应理论演讲以后，一个贵妇人有意挖苦他，说："教授，你讲的这些东西有什么用处呢？"法拉第诙谐地回答说："夫人，你觉得刚生下的婴儿有什么用呢？"

幽默就是在关键时刻避免正面的冲突或揭示问题，以积极向上的态度，以乐观的情绪，以迂回的方式去面对困境。如果法拉第正面回答问题，也不一定能得到承认和理解；如果正面对抗，也许会引起怨恨，使沟通和交流中断；如果他回避问题，那么他的理论也就永远无法使别人信赖。但是，他以一种幽默的思考方式，去启示对方，让对方以发展、宽容的眼光对待眼前的现实，同时，也增添了自己的勇气和信心。

爱迪生致力于发明白炽灯泡时，有一位缺乏想象又毫无幽默感的人取笑他，说："先生，你已经失败了1200次了。"爱迪生回答说："我的成功之处就在于发现了1200种材料不适于做灯丝！"说完，他自己纵声大笑起来。

这句妙语后来举世皆知。爱迪生以笑容和幽默面对困难重重的科学发明事业，不断激励自己，既不为失败而忧心重重，也不为世人的讽刺挖苦而感到焦虑、困惑，最终发挥出卓绝的创造力。

幽默能使人急中生智，化解困境，或者从危险的境地中脱身，创造性地、完善地解决问题。凡是具有较高情绪智力的人，都善于用幽默来应付紧急情况。

有一次，我和一个叫迈瑞的同事在餐馆里进餐，忽然发现菜汤里有一只苍蝇。迈瑞扬手招来侍者，冷冷地讽刺道："请问，这东西在我的汤里干吗？"

在这种情况下，无论侍者如何解释、道歉，都只能受到尖锐的批评，甚至会引起顾客的愤怒。但是，幽默帮了他的忙，把他从困境中解救出来，使气氛得以缓和。

侍者弯下腰，仔细看了半天，回答道："先生，它是在仰泳！"我们被逗得捧腹大笑。

一位顾客走进一家有名的饭店，点了一只油氽龙虾。他发现菜盘中的龙虾少了一只虾螯。他询问侍者，侍者把老板找来。

老板抱歉地说："对不起，龙虾是一种残忍的动物。您的龙虾可能是和它的同类打架时被咬掉了一只螯。"

这个顾客这样巧妙地回答："那么请调换一下，把那只打胜的给我。"

老板和顾客双方都用俏皮的表达方式来委婉地指出双方存在的分歧。

这种方式不取笑，不批评他人，没有伤及他人的自尊，既保护了餐馆的声誉，也维护了顾客的利益。

善于幽默者的心态应该是乐观开朗的，即使在艰难的情况下也能“凡事要往好处想”。陈毅司令在抗日战争期间住羊圈，盖稻草，喝大麦粥的情况下，仍不改其幽默本色，戏称为“住洋房，盖金丝被，喝珍珠汤”，极大地鼓舞了士气，让同志们在欢笑声中坚定了革命必将胜利的信念，最终取得了成功。

幽默来源于世事之洞达，含着笑去面对人生之矛盾，仿佛有点大智若愚的味道。当今社会纷繁复杂，人们面对各种各样的生活压力，单纯的快乐已经变成一种奢求，压力之下追求快乐逐渐成为一种积极面对生活的态度。

哈佛人生箴言

轻松幽默的态度更能吸引别人的好感，减轻大家的压力。当你遇到急迫而又棘手的问题时，随机应变，以一句幽默的话，使自己立于不败之地。

第7讲　你的性格你来决定

江山易改，本性难移。这句俗语在人们心目中已是根深蒂固的观念了，它主要是指人的性格很难改变，比江山更替还要难。然而从心理学的角度来看，性格不但具有可变性，而且它变化的难易程度，远比江山社稷简单得多。

那些诸如“性格一旦定型，人生就决定了”、“18岁前性格还可以变，之后就难以改变了”等思想需要更新了。性格在任何时候都是可以改变的，只是随着年龄而有难易不同罢了。

性格就是态度、意志、情绪、理智四个方面结合起来的混合体，其中尤为重要的是态度特征。态度特征是由一个人的世界观、信念、理想、兴趣等组成的需要系统决定的，这个需要系统是人一切行为的动力。态度特征直接体现着一个人对事物所特有的稳定的倾向，是人的本质属性的反映。而恰恰正是这个最能反映人的本质属性的态度特征是可以改变的，而且并不是很难改变。

我们常说“成见”这个词，就可以看出人的态度特征，“成见”不容易改，但不是绝对的不能改，在多次实践之后，“成见”终归消失在正确的认识之中。比如，一个懒惰、无所事事的人在绝境和逆境之中，还是会认识到勤劳的意义。实践活动是改变一个人的态度特征的根源因素，一旦在实践中被证实的观念就会毫不犹豫代替以前的错误观念。使一个自私自利的人变成大公无私的人，一个心狠手辣的人变成一个慈悲为怀的人，一个孤独偏激的人成为一个乐群热情的人。

而相对于态度特征，性格的其他三个方面的特征，改变则难一点，究其原因，意志、情绪、理智等方面的性格特征有很大的生理、遗传的先天因素的影响。性格特征决定了，比如说勇敢与否，与人的世界观、信念大有关系，有些人主导心境常是悲伤，就是源自他世界观的悲观，有些人情绪很稳定则很有可能是其恬淡、不贪的世界观所致。

所以，性格的其他三个方面的改变相对于态度特征来说，要难一些，而我们平常所说的本性，也有相当部分指的是这三个方面。但是态度特征对于其影响是非常重要的，态度特征的改变也能够在相当程度上改变其他意志、情绪、理智方面的性格特征。而这三个方面受生理因素影响的特征也不是不能改变，在人的实际生活中，可以逐渐的改变，比如一个急躁的人当了医生之后，逐渐地养成耐心的特征，逐渐改变着其神经类型。只是比起态度特征来，要缓慢一些，复杂一些。

态度特征的改变可以标志人的性格的改变，态度特征一般是在两种条件下改变的，环境的外力改变和自我调节的内力改变，而前者也需要作用于自身的态度，改变原有的态度，从而使自身的性格发生变化。性格环境的外力改变，主要发生在重要的人生变故之后，比如家道中落、亲人去世、重大意外打击或者逆境中突遇机缘、天降红福等，这些人生变故可以使一个原本外向活泼的人变成一个内向沉默少言的人，也可以使一个自卑悲观的人成为一个自信乐观的人。

性格自我调节的内力变化相对前者更加重要，从这个意义上说，人的性格可以是自己来决定的，这方面不乏例子，众多逆境中成材、梦想成真者都可以说明。在自我调节变化自己性格的过程中，一般都是先改变自身的世界观、信念，改变自身的态度特征，进而改变自己各方面的性格特征。因此，对自身的要求，对自己的督促，对社会、他人与自己关系的思考都有可能在不知不觉中改变着自己的性格。

由此可见，“江山易改，本性难移”这句话是错误的，人的性格是可以改变的。人可以通过改变态度特征来改变其他三个方面的性格特征。更为重要的是，人可以通过自我调节来改变自己的性格，从这个意义上讲，你的性格，你来决定！

哈佛人生箴言

从改变你的态度来改变你的性格，性格既然是由你来决定的，你就更要发挥自身的主观能动性，让你的个性、特性结合你先天的性格优势充分发展完善，从而打造一个趋于完美的独特的你。

第8讲　好性格是锤炼出来的

性格的自我修养，是指自身为了培养良好的性格而进行的自觉地性格转化与行为控制的活动。自我修养是培养优良性格的必要途径，又是个人掌握自己、控制自己的必备能力。

同样是红砖和水泥，建筑师可以把它们建造成各种各样的东西：或许会建成宫殿，或许会筑成茅舍，或许会建成仓库，或许会建成别墅……这关键看建筑师们如何塑造。人的性格也是一样，同样在于自我的发现和创造。不经过一番努力，良好的性格也不会自发地形成。它需要经过不断自我审视、自我约束、自我节制的训练。正是在这种不断地努力下，才会使人感到振奋，令人心旷神怡，从而发现一个独特的自己。

每年的十二月一日，纽约洛克菲勒中心前面的广场，都会举办一次为圣诞树点灯的仪式。硕大的圣诞树堪称完美，据说它们都是从宾夕法尼亚州的千万棵巨大的杉树中挑选出来的。

一位画家深深地被圣诞树的完美吸引住了，他带领自己所有的学生去写生。

“老师，你以为那巨大的圣诞树真的那么完美吗？”一个中年女学生神秘地笑道。

画家十分奇怪：“千挑万选，还能不完美吗？”

“多好的树都有缺陷，都会缺枝少叶，我丈夫在宾夕法尼亚当木工，是他用其他枝子补上去，才令这些圣诞树看上去如此完美的！”

画家恍然大悟：一切完美的事物都源自于修补。

每个人不管他多伟大、多出名，都不过是那棵需要不断修补的树……任何性格，都是在不断地修补中日臻完美；任何人，都是在不断地打磨中锤炼成才的。

自我修养在个人性格的发展过程中起着非常重要的作用，它是教育的补充力量，也是良好性格的发展方向。不论是伟人，还是庸人，每个人的优良性格都是在后天的实践过程中，不断进行自我修养的结果。

性格即命运，掌控命运需要主动，良好性格需要打磨。自然状态下的铁矿石几乎毫无用处，但是，假如把它放到熔炉中铸造，进一步提纯，再进行锤炼和高温锻冶，放入一个流筒模型中，它就可以制成优良的器具。正是这种烈火焚烧、反复锤炼的过程，赋予了自然状态下的铁矿石以实用的价值。

任何人的一生都是自我完善的一生，自我塑造的一生。塑造性格的目的，就是要克服不良的性格，实现性格优化的转变，从而找到最真实的自我。

美国著名文学家、政治家、企业家富兰克林能用13项内容来锤炼自己，缘于接触一位以严格要求和博学多才而闻名的编辑——弗恩。

富兰克林每次向他交稿时，弗恩总是一句话："如果你对某一个字的写法没把握，就查字典。"同时，他规定富兰克林每天写一篇文章交给他。假如哪天没有，弗恩就敲着桌子说："文章呢？"这样，在日积月累的岁月中，富兰克林的文章大有进步。

之后，弗恩去世了。富兰克林在整理弗恩遗稿时，看到了这样一段话："我不是你心目中的那个人。我并不懂写作。你让我教你，我尽量去做，其实多数时候是你自己打磨自己。"富兰克林终于明白：自己的写作才能，其实就是自己在一天一篇文章的积累中打磨出来的。

此后，富兰克林一直以敬畏的心情，按照弗恩的严格要求，不断磨砺自己，终于养成了良好的性格，也在写作方面取得了很大成就。

性格的修养是一种完善自我的自觉行动。有无性格修养的自觉性，将决定能否在性格修养方面取得成效。性格修养的自觉性，首先来自于主体对性格缺点危害性的认识程度；其次，还取决于个体对自己严格要求的程度。成功的人，大多是从性格改造与完善中训练出来的。一个胸有大志的人，对自己才会有严格的要求，他的理想越崇高，为了实现这个理想而积极改造自我性格的决心就越大。

哈佛人生箴言

人生最重要的就是自己打磨自己。只有自己不断地磨砺自己，不停地在勤奋的熊熊炉火中锤炼，性格才会锋锐明亮，最终放射出夺目的光芒。

第9讲　让我们的性格光辉灿烂

性格是人在出生后的社会文化环境中逐渐形成的，因此，一个人的性格会受到他的世界观、人生观和价值观的影响，性格是人格中最核心的组成部分。良好的性格，会促使一个人将自己的聪明才智用到正道上，让自己和他人同受鼓舞与启迪；而不良的性格或许会把一个人的聪明才智引入歧途，令自己和他人同陷痛苦和沉沦之中。

任何一个人都是善恶组合的矛盾体，意大利作家伊塔诺•卡尔维诺所著的《一个分成两半的子爵》就是这种性格组合观念的形象说明。

在一次战斗中，梅达尔多子爵被炮弹打成两半，右半被军医救活，总干坏事，集中了梅达尔多身上的全部邪恶；左半被两个隐士救治，不断地做好事，集中了子爵身上所有良好的性格。

“两个子爵”之后在激化的矛盾中展开决斗，相互劈裂了原来的伤口，扭成一团，粘在了一起，之后又变成了一个身体健康、性格完整的人。

任何一个人的身上都有善良与邪恶性格体现，并不是两半的相加，而是内在性情的互相渗透与转化。因此，良好的性格，来自培养，来自心灵的透析。

一次，上帝行经一片森林，正当中午天气很热，他觉得口渴，就告诉侍者：“我们刚才跨过一条小溪，溪水很清，你回去帮我取一些水来。”

侍者回去找那条小溪，但小溪实在太小了，并且还有一些车子正在经过，溪水污浊，不能喝了。侍者回去告诉上帝：“那个小溪的水已变得很脏了，请您允许我换个地方找水，我知道有一条河，离这只有几里路。”

上帝说："不，你还是回到同一条小溪里。"侍者表面遵从，但内心并不服气，他认为这只是浪费时间白跑一趟。

他走了一半路，还是不由自主地跑了回来，对上帝说："您为什么非要坚持让我回去呢？"上帝不加解释，仍然说："你再去。"侍者只好遵从。

侍者再走近那条溪流，却看到那些溪水就像它原来那么清澈、纯净——泥沙已流走了。

侍者笑了，提着水跳着舞回来，跪拜在上帝脚下："您给我上了伟大的一课，只要能保持本性的纯净，污浊就不会永恒。"

性格本来有清澈无染的一面，在后天成长中，是诸多的外因蒙蔽了我们的内心。在岁月的流逝中，良好的性格也堆积了厚厚的尘土，只不过我们不知道罢了。生命中的河流虽曾被污染，但涤尽流沙便可以见到清澈的本性；良好性格的明镜虽然蒙上尘土，但拭去灰尘终将闪光。

良好性格本身具有魅力，只不过有时没有发挥出来而已。培养良好性格，关键就在于"压榨"。

有人问一位智者："请问，如何才能成为一个受欢迎的人呢？"

智者递给那个人一颗带皮的花生，"闻得见香吗？"那人摇头。

智者对他说："用力捏捏它。"

那人用力捏了捏，花生壳碎了，仅留下了花生仁。

智者问："香吗？"

"有一点。"

"再搓搓它。"智者说。

那人又照办了，红色的皮被搓掉后，仅留下了白果实。

"香吗？"

"比刚才要香一点。"

"把它放进榨油机里。"智者说。

因此，榨油机的端口流出了芳香四溢的花生油。

那人连连赞叹："好香啊！"忽然，他笑了，"现在我终于明白了，要受人欢迎，就要让自己散发出香气来。"

智者微笑，不语。

性格元素的本质往往被种种假象包裹着，从而显示出表里矛盾、似是而非的情况，使人难以捉摸。通过有意识地自我塑造和培养，一定可以使性格中的优秀潜质焕发光彩，使你成为一个受欢迎的人。

事实上，一个人性格的好坏，所表现的行为，都和对自己的了解有关。假如你认为自己有表演的才能，你应该找机会在人前显露一下；假如你觉得自己没有领导的才干，你应该乐于接受他人的指挥。对自己的了解越明确，你所表现的行为越适合本身的情况，你的表现也会越自然，越能给别人一个正确的印象。同时，别人根据那些印象来与你交往时，将不致引起什么困难。就你自己来说，对自身有一个明确了解时，你等于有了一个做人的准绳。即使在不同的情况下，你还能表现颇为一致的姿态与行为模式，别人也知道该如何与你维持适当的关系。

性格是一个人最大的宝藏，它决定着一个人的方方面面，从而根本性地决定其一生的命运。假如将一个人比作一栋大厦，那么，性格就是这座大厦的钢筋骨架，而知识和学问则是充斥于骨架中的混凝土。性格决定着你一生是平庸，还是建功立业、让人羡慕，这就需要你认真了解自身的性格。没有人可以去代替你，主动权在你自己手中，你自己是独一无二的，就看你如何去发挥性格的长处了。

哈佛人生箴言

性格元素的本质往往被种种假象包裹着，从而显示出表里矛盾、似是而非的情况，使人难以捉摸。通过有意识地自我塑造和培养，一定可以使性格中的优秀潜质焕发光彩，使你成为一个受欢迎的人。

第02课

罗伯特·劳伦斯教授关于“处世”的讲座

——哈佛最推崇的处世秘诀

罗伯特•劳伦斯认为，交际已是现代社会每个人立身、立业的根本。一个人的社会形象，不是说你本身是一个什么样的人，而是取决于你被他人认为是一个什么样的人。有时我们会惊奇于智力平庸、根基浅薄的人事业有成，就是忽略了交际能力对一个人的至关重要的功用。

罗伯特•劳伦斯（Robert Carhart Merton）于1944年7月31日生于纽约。美国哈佛商学院教授，对冲基金长期资本管理基金（Long—Term Capital Management）创始人，1970年在麻省理工学院获得经济学博士学位。此后在麻省理工斯隆管理学院的金融系任教。1988前往哈佛商学院。作为国际金融工程协会的一名高级会员，他是年度金融工程师奖的第一位授予者。他还是美国金融协会的前任主席和国家科学院院士。获得1997年诺贝尔经济学奖。

劳伦斯先生著述甚丰，专著《连续时间金融学》现在几乎是美国所有金融学博士必读的经典教科书。他与Zvi Bodie合著的《金融学》一书是当今世界顶级商学院的必读教材。

第1讲　人际质量直接左右命运

在我看来，看一个人的人际关系，就知道他是怎样一个人，以及将有何作为，大多数人的成功，都源于良好的人际关系。因为任何人都无法孤立完成自己的事业，都需要别人的帮助，所谓的这些帮助都是你良好的人际关系带来的。假如没有良好的人际关系，不管你多么努力，结果总是要归于失败。就像一棵果树，如果没有那些粗枝大叶，怎么可以硕果累累呢？就是你树干长多高多粗，也无法结出味香色美的果实。所以说人际关系的好坏，直接影响你的成功。

你可以想想，一个人从别人身上吸取的能量愈大、质量愈好、种类愈多，则其个人的能量就愈大，如果你不去与人交往，不去同他们建立一个良好的人际关系，那么，他们能对你提供帮助吗？但是，在你的人际关系中，不一定所有的人际关系都能够给予你帮助，在你所交往的人中有80%是对你无用的，对你有帮助的只有20%的人，这20%的人当中，从各方面都别一般人要强，说白了就是20%的质量比一般人要高，所以，要同这些高质量的人交往，可能会给你带来丰厚的利润，这些人对你的成功与失败将起着关键性的作用。

你的生命的生长，都依靠你的心灵从四处吸收着营养，而这种营养，你官能的感觉是不能觉察的、不能测量的。从表面上看，你是从耳中吸收进“力量”的，但在事实上，这种力量的吸收决不是取道于官能的视觉、听觉神经的，而是靠你不断地接触这种能对你的生命有所帮助的营养。从而把那些营养价值高的营养成份作为你生命生长中的一部分，这样才能使你的生命延长。

你的交际同样需要这样，你非常需要朋友的帮助，但你必须好好对待他们，将他们当成自己人，待他们如同对待自己，不要把他们看成是一样重要，应该把大部分的时间和精力，投入到那些对你的目标最棒，最有用处的人身上，这样才能提高你人际关系的质量。有这些质量好的朋友的帮助，何愁你的事业不能成功呢？

蒙丽莎毕业于英国一所大学，毕业后，她来到一家研究所工作。当她第一次踏进这家研究所的大门时，就有一种孤独的感觉，这里的一草一木都是那么陌生。当她踏进办公室的门槛时，同事们都忙于自己的工作，她壮着胆子主动向大家问了声好，可是那些不冷不热的回答，使她浑身一颤，心想，这些人怎么都是这样呢？我如何同他们交往呢？苦思冥想后，她终于想出一条锦囊妙计——为自己制造交际的机会。

第二天，蒙丽莎一大早提前来到办公室，并把所有的办公桌上的杂七乱八的文件、材料，码放整齐，然后又为所有的同事，每人倒满一杯水。

蒙丽莎的这种做法能起效吗？面对你的这些疑问，我必须告诉你，这不是溜须拍马，正是蒙丽莎经过反复斟酌才想到的，任何事情都得从一点一滴做起。就像你的财富一样，我问你，你的财富是一下子拥有的吗？不也是一点一点积攒起来的吗？与人交往也是一样的道理。

当同事来到办公室后，发现办公室里好像有一种新的感觉，再看蒙丽莎早已坐在自己的办公桌前开始工作了，他们顿时觉得心里一热。几天以后，他们对蒙丽莎的关系大有改变，并主动与蒙丽莎打招呼，还不时地对她说工作时有哪些不懂的地方，可以直接向他们沟通。

三个月以后，蒙丽莎与同事们的关系，可以说是到了无话不谈的地步。说到这些，还得从蒙丽莎为自己制造交际的机会说起。就在蒙丽莎刚刚参加工作不到10天的时候，有一天，她准备搭乘公共汽车回家，可就在这时，一位同事开车过来，蒙丽莎发现了同事，主动摆手示意，同事也以礼相还。可就在这时，一辆满载货物的大卡车迎面驶来，同事一时慌了手脚，他的车一下子与大卡车相撞。当时同事被撞得满脸是血，昏了过去。蒙丽莎目睹眼前一切，迅速跑过去。在场的所有人都认为蒙丽莎的同事已经无可挽救了。可蒙丽莎不相信这一切，她拦住了一辆“的士”，并在卡车司机的协助下，迅速把同事送往医院，直到同事的家属赶到后，她才回家。医生告诉家属，多亏了那位小姐，如果迟到五分钟，病人就没有挽救的机会了。

当同事出院后，她带着全家人一起来到蒙丽莎的家中致谢。从此，她和这位同事的关系犹如亲姐妹一样。

为人处事就是这样，只有你主动为自己创造一个与人交往的机会，你才能接触到更多的人，才能在这些人当中树立自己的形象。然后再从你所有的交往对象中选出你认为最有用的人交往，这不是对你更有利吗？

蒙丽莎是一个积极向上的人，她不想一辈子做别人的牺牲品，她要为自己开辟一个新天地。看到当时的电脑软件很畅销，于是她想组建一个电脑软件开发公司。可是，凭自己的经济实力，远远不能满足需要。她东凑西借也未能搞定。当同事知道后，主动拿出100万英镑让蒙丽莎免费使用。就这样蒙丽莎靠同事的帮助组建了一个软件开发公司。当年，她的公司就净赚了50万英镑。

后来，蒙丽莎才知道，同事的父亲是一家房地产公司的总裁。这些钱都是同事征得父亲同意后借给蒙丽莎的。

蒙丽莎通过为自己创造一个交际的机会，取得了成功。她用自己的实际行动去打动人，从而提高自己的交际质量，使自己在交际质量上获胜。

如果说，蒙丽莎缺乏这种意识，而是采取那种不冷不热的态度，那么，她能够与人有一个很好的交往吗？这显然是不可能的。她完全知道，只有与人搞好交往，才能对自己的工作或事业有所帮助。

哈佛人生箴言

假如没有良好的人际关系，不管你多么努力，结果总是要归于失败。就像一棵果树，如果没有那些粗枝大叶，怎么可以果实累累呢?

第2讲　编织一张尽量大的关系网

成功的人大多是有关系网的人。这种网络由各种不同的朋友组成，有过去的知己，有近交的新朋，有男的，有女的，有前辈，有同辈或晚辈，有地位高的，有地位低的，有不同行业的，有不同特长的，也有不同地方的……这样的关系网，才是一个比较全面的网络。也就是说，在你的关系网中，应该有各式各样的朋友，他们能够从不同的角度为你提供不同的帮助；当然，你也要根据他们不同的需要为他们提供不同的帮助，这才是关系网应当具有的特征。

关系网既然称作是“网”，就应当具有网的特点。也就是说，在这个网上朋友的构成有点有面，分布均匀。有的同学交友却不是这样，他们结交的范围十分狭窄，分布十分不均。只在自己熟悉的范围内认识一些人，而这些人的行业和特长比较单一。这样就构不成一面标准的关系网了。

当然，不同的行业和不同的爱好会对交友形成较大的影响。如果你是商人，你周围的许多朋友大多也是商人；其他各行各业都可以依此类推。这就是我们在编织关系网的时候，常常遇到的局限，这种局限关系影响到关系网的“使用价值”和其他质量。假如你是一名商人，你有没有必要打通自己的政界路子?回答必然是肯定的。那么，你有没有必要结交政界的朋友?回答也必然是肯定的。那么，在政界需求朋友的帮助就是必不可少的，否则，就会遇到很多仅靠自己的能量也很难克服的困难。

这就要求人们交朋友不能太单一，不能完全局限于和自己的具有共同爱好和兴趣的人之间。正是因为你在某一方面有特长、有爱好、有优势，才要有意地结识与你的特长、爱好、优势有差别的人。

广泛的交往是机遇的源泉。交往越广泛，遇到机遇的概率就越高。有许多机遇就是在与朋友的交往中出现的，有时甚至是在漫不经心的时候，朋友的一句话、朋友的帮助、关心等等都可能化作难得的机遇。在很多情况下，就是靠朋友的推荐、朋友提供的信息和其他多方面的帮助，人们才获得了难得的机遇。因此，从这个意义上说，交往广泛，机遇就多，但不可急功近利，有许多机遇是在交往中出现的，而在初步交往中，人们很可能没有看到这种机遇，在这个时候，不要因为没有看到交往的价值，就冷淡这种交往。谁又知道与谁的交往会带来更大的机遇呢?

实际上，你的“关系网”远比你意识到的要广大得多。你实际拥有的网络延伸到了你每天都有联系的人之外，更多的联系包括你与之共同工作和曾经一同工作过的人们，你的同学和校友，你整个大家庭的成员，你遇到过的孩子的父母，你在参加研讨会或其他会议时遇到的人，这些人都会是你的网络成员。你的网络成员还包括那些你在网络中认识的人，以及与他们有联系的人。

哈佛人际关系研究中心得出这样一个结论：每个人距总统只有6个人的距离。你认识一些人，他们又认识一些人，而他们又认识另外的一些人……这种连锁反应一直延续到总统的椭圆形办公室。而且，如果你仅仅距总统6个人的距离，那么你距你想会见的任何人也就只有6个人的距离，不管他是一家公司的总经理，还是好莱坞的制作人，还是你想让其加入你的团队并支持你的名人。每一个人都喜欢跟他喜欢的人做生意，而且愿意帮助他喜欢的人。这种关系不是魔术般建立起来的，它需要多年的时间和精力才能发展起来。要与同事和生意伙伴一起打高尔夫球，参加社区的筹资活动，加入乡村俱乐部和一些商业组织，所有这些投入都是为建立自己的网络在做准备。

确定一下你想在哪个领域多学些知识和经验。也许你计划开始做咨询业务，或者是成为音乐艺术家，或在国际互联网上销售一种新产品。谁能够向你提供你所需要的专业知识呢?尽量列出潜在的可以利用的资源。如果他是你公司的某个人，那就接近那个人。不断地与你小圈子里的人进行交流，问问他们是否认识一些这个领域的人。通常你得到的名字往往又引出其他的提名，这样延伸下去直到你找到你想要见的人。如果你的每一条道路都走向了死胡同，那么就做一些调查来发现你需要的人。找一些最近写过那个领域的文章的人，给他们每个人写封信告诉他们，你的问题是什么，或是发封电子邮件，这种方法现在可以便捷地与某个大学的教授、或者某个公司总裁等各种各样的人建立起直接的联系。请求他们向你推荐可能帮助你的人，或给你提供其他的资料。即使是美国总统，你也能通过电子邮件找到他。充分利用现代的通讯技术，而且最重要的是，现在就开始行动!

哈佛人生箴言

在你的关系网中，应该有各式各样的朋友，他们能够从不同的角度为你提供不同的帮助；当然，你也要根据他们不同的需要为他们提供不同的帮助。这才是关系网应当具有的特征。

第3讲 “铜臭”的商场也要投资感情

人人都难逃脱一个“情”字。尽管当今社会流行一句话：“认金钱不认感情”，但是“人情生意”从未间断过。人既然能够为情而死，那么为情而做生意又有什么不可?生意场上的“感情投资”，说简单点，就是在生意之外多了一层相知和沟通，能够在人情世故上多一份关心，多一份相助，即使遇到不顺利的情况，也能够相互体谅，“生意不成人情在”。

这种情况往往有多种表现。一种是自然形成的。你在生意场上遇到了相互比较投缘的人，有了成功的合作，感情也自然融洽起来，这就是我们常说的“有缘”人。有缘自然有情，关系好的时候，互相付出自然不在话下。问题在于如何保护和持续这种关系，继续爱护它、增进它，使其天长地久。

其实，就是有“缘”，彼此能够一拍即合，要保持长期的相互信任、互相关照的关系也不那么容易，仍然需要不断进行“感情投资”。

在商场上，各自都为各自的利益，所以很容易互相起疑心。结果“缘”就会由合作转为对立，人情变成了敌意。

这在商场上也屡见不鲜。相互最仇视的对手，往往原先是最亲密的伙伴。反目为仇的原因，恐怕谁也说不清，留下的都是互相指责和怨恨。

为什么走到这一步?往往是忽略了“感情投资”的结果。

很多同学都有这种毛病，一旦和自己的朋友关系好了，就不再觉得自己有责任去保护它了，往往会忽略双方关系中的一些细节问题。例如该说的话不说，该解释的情况不解释，总认为“反正我们关系好，解释不解释无所谓”，结果日积月累，形成难以化解的问题。而更不好的是人们关系亲密之后，总是对另一方要求越来越高，总以为别人对自己的好是应该的；稍有不周或照顾不到，就有怨言。由此很容易形成恶性循环，最后损害双方的关系。

可见“感情投资”应该是经常性的，也不可似有似无，从生意场到日常交往，都应该处处留心，善待每一个关系伙伴，而且要从小处细处着眼，时时落在实处。正如前面所言，“感情投资”也可以看作是在感情的账户上储蓄。这样就会赢得对方的信任，那么当你遇到困难，需要帮助的时候，就可以利用这种信任，你即便犯有什么过错，也容易得到别人的谅解；你即便没把话说清楚，有点小脾气，对方也能理解。

所以，我们强调请求别人的支持和帮助，应该自信主动。坦诚大方地提出，尽管有许多有效的方法和技巧可以采用，然而最重要的是自己要乐于助人，关心他人，不断增加感情账户上的储蓄。

如果说建立相互信任、相互帮助的人际关系有什么诀窍的话，那么这是惟一的和可靠的诀窍。

反之，不肯增加储蓄而只想大笔支取的人是无人理会的，这样的银行账户是根本不存在的。你毫无储蓄，到需要用钱时，也就必然无钱可用，只有欠债了。但欠债总是要还的，到头来还是要储蓄。这就是社会与人生的大海上平等互利、收支平衡的灯塔。

互助互利不仅指物质利益，而且还有精神利益。作为被求助的一方不一定非要你给他什么帮助和好处不可，而且人际交往的互利互惠也不同于做买卖那样必须是等价交换，立刻兑现。但作为求助者最好能让对方了解助人也会助己。

自己乐于助人，多主动帮助别人，会不断增加感情账户上的储蓄。如上所述，求人与被人求，是一笔人情账。尽管是人情账，无法精确地计算，但是也应当心中有数。在求对方办事时，对方并不情愿为你白忙乎，他希望你也能帮他做些事情，有的甚至希望在他办事之前，你得先为他办成。如果你了解对方这种心理，主动满足他的欲望，他就会很痛快地帮助你。

有时对方没有什么需要帮忙的事情，此时你要让对方精神上得到满足，表现出对对方的崇拜和尊敬，不断地夸奖对方的能力。

如果你与对方关系很密切，求他帮忙时，他会提出条件来，那你也要多为对方考虑，尽量多为对方解决一些困难。不论关系多密切，你总求人家，而没有回报，时间久了也就不行了。

如果你求别人帮助的是一件名利双收的事，那对方也希望从中得到一些名或利。如果对方什么都得不到，而你却名利双收，对方就会在心理上失衡。而且，现在的人对口头许诺不感兴趣，所以，你最好要提前满足对方的欲望。如果不能，也一定要守信用。如果你不能履约，以后再求对方就难了。

哈佛人生箴言

生活中经常有这样的人，帮了别人的忙，就觉得有恩于人，于是有一种优越感，高高在上，不可一世。这种态度是很危险的，常常会引发反面的后果，也就是：帮了别人的忙，却没有增加自己人情账户的收入，这是因为这种骄傲的态度，把这笔账抵销了。

第4讲　上帝也喜欢真诚赞美他的人

天底下只有一种方法可以促使人去做任何事，那就是给他想要的东西。那么，一个人究竟想要什么呢?

林肯曾在一封信中提到“人人都喜欢受人称赞。”威廉•詹姆士也说过：“人类本质里最殷切的需求是渴望被人肯定。”他不用“希望”、“盼望”等字眼，而是用“渴望”这个词，可见受人称赞是人类所需的重要东西。这种渴望不断地吞噬着人类的心灵，其中少数懂得满足人类这种欲望的人便可以将他人玩弄于股掌之中。这种“被人肯定的渴望”，也正是人类同禽兽的最大区别。

2010年，我高薪聘请了查理为新成立的“惠众股票交易中介”第一总裁。当时，查理刚满38岁。有很多人对我聘请查理很不理解，并且年薪是500万美元。是因为查理先生确实是个了不起的天才?还是他比别人对股票懂得更多?都不是，在查理先生手下工作的许多人对股票其实比他懂得都多。

我之所以高薪诚聘，主要是因为他善于处理人事，管理人事。记得当时我问他：“如何做到这一点?”他说：“我认为促使人将自身能力发展到极限的最好办法是赞赏和鼓励。我从不批评他人，我相信奖励是使人工作的原动力。因此我喜欢赞赏而讨厌吹毛求疵。”这就是我聘请查理的原因，也是查理成功的秘诀。

约翰·洛克菲勒成功管理人事的首要秘诀，也是真诚的赞赏他人。洛克菲勒有一位合伙人叫做爱德华·贝德福特。在一次生意中，由于决策失误，他使公司损失了近100万美元。当时，洛克菲勒完全有理由指责贝德福特，但他并没有这样做，因为他知道贝德福特已经尽力了，况且这件事也已经过去了。所以洛克菲勒说他为公司减少了50%的投资损失，以此称赞贝德福特。洛克菲勒赞美说："这简直太好了，我们并不能总是像巅峰时期那么好。"

其实类似这样的例子还有很多，真诚地赞美他人不仅是管理者的必修课，也同样是生活中每一个人所需要掌握的一门处世技巧，下面这个故事就发生在我们的生活当中，看看它能不能给各位带来一点启迪。

一个夏天的农场里，有个农妇劳累了一天后，为干活的男人准备了一堆干草当晚餐。男人愤怒了，并质问她是否发疯了。她说："我怎么知道你会在意呢?20多年来，我一直煮饭给你吃，可你从来都不吭声，也从来没有告诉我你不吃干草啊!"

2012年，我们曾对美国妇女离家出走的原因进行过调查。你想知道这些妇女离家的主要原因是什么吗?那就是"没有人领情"。我想，男人离家的原因也大概如此。即使我们心里也常常感谢另一半所做的一切，但从来没有说出自己的称赞和感恩之情，就仿佛他们所做的一切是天经地义的一样。我们会照顾儿女、朋友，甚至雇员的身体，但我们可曾照顾过他们的自尊？我们给他们牛排、美酒，以补充他们的体力，却忽略了感谢他们的言语。这样的言语，胜似清晨那美妙的音乐，将永远在他人的记忆深处歌唱。

我有个朋友的妻子参加了一种自我训练与提高的课程。回家后，要先生列出六项能让她自己变得更理想的事情。虽然这位朋友能够轻易地列举出这样的六件事，可他却没有那样做。他只是对自己的妻子说："让我仔细想想，明天早上再告诉你，怎么样?"到了第二天，他早早地起来，打电话要花店送六朵美丽的红玫瑰给他的太太，并附上纸条："我想不出有哪六件事希望你改变，我就喜欢你现在的这个样子。"傍晚回家的时候，你猜会有什么样的事情发生呢?他的太太正站在他家的门口，眼含热泪地等他回家!看到这样的情景，他很高兴没有趁机批评一番。第二天，太太再去上课时，把事情的经过讲给他人听，许多人都说：“这是他们所听到过的最善解人意的事。由此也让人体会到了赞赏的力量。”

百老汇最著名的歌舞剧家弗罗仑兹·齐格菲，具有一项使“美国女孩增添光彩”的超人能力。很多次，他都把原本没有人愿意多看一眼的平凡女孩，变成了风情万种、千娇百媚的大明星。他所用的就是赞美和鼓励。他常用体贴、殷勤的力量打动女士们的心，使她们确信自己是美丽的。他用加薪的方法，使女工们感觉自己的重要性。他很浪漫，每逢首演之夜，一定打电话给主要明星，还送她们一大束红玫瑰。

假使我们真是这么自私，这么功利，从来都是吝啬于给人带去一点快乐，一旦没有从他人身上得到好处，就不再对他人表示一点赞赏或表达一点真诚的感谢——如果我们的灵魂比野生的酸苹果大不了多少，我们的心灵会变得多么贫乏。

哈佛人生箴言

每一个人都是自己的老师，因为自己从他们身上学到了东西。让我们尽量去发现别人的优点，然后发自内心地、真诚地去赞赏他们吧！

第5讲　为什么不用微笑面对他人呢

在生活中，人们脸上的微笑，就是向人表示：我喜欢你，我非常高兴见到你！在交际中，微笑的魅力是无穷的。它就像巨大的磁铁吸引铁片一样，吸引着你，诱惑着你，使你无法拒绝它。微笑在人际关系中具有不可估量的价值。它可以创造人际关系的奇迹，同时也改变着我们自己。

在几个月之前我在芝加哥参加了一次宴会，在那些所有的客人中，一位贵妇人对我表示好感，可能她想给我留下一点好的印象。

看样子她花了不少的钱去买那些名贵的珍珠，首饰和裘皮大衣，可是她给我的印象却并不好。我不说大家可能都知道原因。

她只是在自己的服饰上下功夫，而她的表情却十分让人讨厌：她的脸部被她用化妆品抹了厚厚的一层——请原谅我这么形容她，但事实确实如此。而且脸上没有一丝笑容，绷得紧紧的，人家一看就知道她是个性格乖戾、自我的人，一副要找人讨债的样子，谁还敢接近她呢，更别说给人留下好印象了。

有朋友对我说过，他的微笑可以值100万美元。我开始根本不相信他的话，一点微笑怎么会有这么高的价钱?后来经过我的亲自经历和看到他的成就，才相信了他的话——而且深信不疑：因为他掌握了微笑的秘诀，把它恰当地运用于商场交际中，就凭这，他使他的公司周旋于一些实力很强的大公司之间，赚取了大量的金钱，而且还获得了好名声。

微笑的力量是巨大的，孩子们天真的微笑使我们想起了天使；父母的微笑让我们感到温情；祖父的微笑让我们感到慈爱。拿最常见的事情来说，小狗见到主人时，那副欣喜若狂的样子就让人觉得小狗是最忠实的伙伴了。加利福尼亚大学心理学教授詹姆斯•麦克尔也同样认为：微笑永远有魅力。当你在微笑时，你的精神状态最为轻松，全身的肌肉处于松弛状态，而且，你的心理状态也就相对地稳定，当你那充满笑意的眼光与别人的目光相遇时，你的笑意会通过这道“无形的眼桥”传递给他，他会被你的快乐情绪所感染。自然而然地，你们之间的气氛就会变得和谐，交流起来也容易多了。但如果你皱着眉头，挂着一副苦瓜脸，没有人会欢迎你的。

不仅在与人交往的过程中如此，在我们的工作中微笑的力量也是无穷的。

罗伯特·杰布森是辛辛那提市一家电脑公司的经理，也曾经是我的一位学生。去年，由于业务上的需求，他们要招聘一名技术部主管，虽然发出了招聘广告，但是没有人应聘。后来他们得知有一位刚从加利福尼亚大学毕业的计算机专业博士生，由于成绩优异，已收到了好几家公司的聘请书，而且这几家公司的实力都很强。

于是罗伯特抱着试一试的态度，给他打了个电话，内容当然是聘请他。罗伯特用很客气的语气讲了公司的情况，同时也向他说明了公司现在的实力虽然不如其他大公司，但是如果有能力强的技术人员好好干，一定能在此行业中占有一席之地。

过了几天，这位博士生打来电话，说他已经同意到罗伯特的公司来上班了。得知这个消息，罗伯特十分高兴，但却弄不懂他为什么不去那些更好的大公司里去工作，而到自己的公司来。

当罗伯特把这个问题向他提出时，他犹豫了一下，说："前几家的公司经理都是居高临下，用一副冷冰冰、公事公办的腔调跟我说活，我对此感到很厌烦，如果我跟这样的上司打交道，那我在他手下根本就得不到重视。虽然他在上，我在下，但我们的法律地位是平等的，没必要给我摆架子。而你，也是一位经理，却用这么客气的语言向我说话，不厌其烦地向我介绍你们公司的情况，你的声音听起来很温暖，有人情味，我愿意与你打交道，我感到你好像是真心诚意地欢迎我加入一样。"

罗伯特在他说的过程中一直面露微笑地听着，打电话给他时也是一样的。正是由于微笑的力量，才使他赢得了一位不可多得的人才。

美国的许多电话公司都为利用电话来推销的推销员安排了一种"特殊电话效用"的训练，要求人们微笑着向别人打电话，尽管电话那端看不见你的微笑，但是能感受到你微笑的气息。

微笑是发自内心的，如果你对你的工作和生活始终能以微笑的态度来对待，这说明你对你的生活很感兴趣，而感兴趣是你取得成功的第一步。

斯坦哈德结婚已有十八年了，这么多年来，从他起床到离开家这段时间内，他很难得对自己的太太露出一丝微笑，也很少说上几句话。家里的生活很沉闷。后来，他接受了我的建议决定改变这种状况。一天早晨，他梳头的时候从镜子里看到自己那张绷得紧紧的脸孔，他就向自己说：你今天必须要把你那张凝结得像石膏像一样的脸松开来，你要展出一副笑容来，就从现在开始。

坐下吃早餐的时候，他脸上有了一副轻松的笑意，他向太太打招呼：亲爱的，早！太太的反应是惊人的，她完全愣住了，可以想像到，那是她意想不到的高兴，斯坦哈德告诉她以后都会这样。从那以后，他们家庭的生活已完全变样了。现在斯坦哈德去办公室，会对电梯员微微一笑地说：你早！去柜台换钱时，对里面的伙计，他脸上也带着笑容。他在交易所里时，对那些素昧平生的人，他的脸上也带着一缕笑容。

不久他就发现每一个人见到他时，都向他投之一笑。对那些来向他道“苦经”的人，他以关心的、和悦的态度听他们诉苦。而无形中他们所认为苦恼的事，变得容易解决了。微笑给他带来了很多很多的财富。

斯坦哈德和另外一个经纪人，合用一间办公室。他雇用了一个职员，是个可爱的年轻人，那年轻人渐渐地对他有了好感。斯坦哈德对自己所得到的成就，感到得意而自傲，所以他对那年轻人提到“人际关系学”。那年轻人这样告诉斯坦哈德，他初来这间办公室时，认为他是一个脾气极坏的人。而最近一段时间来，他的看法已彻底地改了过来。他夸斯坦哈德微笑的时候，很有人情味！

微笑能很快使人感受到我们的亲切、喜悦和善意，微笑使得男人、女人、老人、孩童的脸蛋变得漂亮迷人，微笑使我们表情丰富、充满热情、友好和理解、充满温暖的爱心。

让我们来养成微笑的习惯，每天早上起来第一件事就是对着镜子练习微笑，开始时可能要强迫自己做出微笑的动作。微笑的肌肉与支配神经一旦运用熟练，你就可以经常对着人微笑了。

哈佛人生箴言

有人说：“寒冬里那温馨的微笑，你就是拿整个春天来换，我都不给。”一直把笑意挂在脸上，你自然就会拥有好的职场人际关系了。

第6讲　一个人的品位是交际的基石

60年代时，美国一部分大学生对社会现实感到不满，但又感到无力改变现状，于是，他们蓄长发，留胡须，衣着褴褛，状如乞丐。他们以违反世俗的仪表来向社会“抗议”，这就是所谓“嬉皮士”。在现代，也不乏有“嬉皮士”，他们奉行落魄的装扮，放弃对衣着品位的追求，要么以此来彰显自己的个性，要么想给自己倦怠的人际注入一些生机。殊不知，做人没有品位的，会自己让自己身价大跌，给自己的人脉经营带来极大的障碍。

你有什么样的品位，你就会拥有什么样的人脉圈，因为有什么样的外表会决定你交往什么样的人。行为学家迈克尔•阿盖尔做过一个实验。他以不同的打扮出现在同一地点。当他身穿西服以绅士模样出现时，无论是向他问路或问时间的人，大多彬彬有礼，而且也差不多是绅士阶层的人；当他打扮成无业游民时，接近他的多半是流浪汉，或是来对火，或是讨钱、借烟。可见，拥有优良的人脉资源是离不开品位的。

乔治与查理在同一时间被招进公司做事。这两个人一样的学历，一样工作努力，但生活习惯却完全不一样。乔治注重穿着打扮，说话总是带着绅士风度，显得很有品位。查理则不一样，他穿着随意，因为他总认为反正在公司是做苦力活的，只要卖力干活就是了，穿着的品位再高又不能当饭吃。

一次，公司要从基层提拔一个主管，经理将查理和乔治同时报了上去，因为这两个人工作能力都很强，所以他拿不定主意该选哪一个较好。老板接到报告后，用红笔在乔治的名字上打了个钩。老板说：“乔治不错，这小伙子秀外慧中。查理太不注重外表了，这么没品位，让他管人，谁会服他？恐怕将来出去和客户谈合同时，还能将客户吓跑了呢。”

很多时候，上司会根据你的衣着品位来决定对你的录用或提拔，所以，品位是你建立高档人脉圈的垫脚石。

1918年11月，第一次世界大战结束，这场战争毁掉了拿破仑·希尔的事业，使他必须一切从头开始。他的全部衣服只有三套已经穿破了的西装和两件再也派不上用场的制服。

希尔很清楚，一般人都是根据一个人的衣着来判断对方的。因此，他立刻去了一家服装店。希尔当时口袋中仅有不到一元的零钱，很幸运的，店主允许希尔以赊账的方式买下了三套他从未穿过的最昂贵的西服、三套不太贵的西服、一整套的最好的衬衫、衣领、领带、吊带及内衣裤。

第二天，希尔穿上了一套崭新的西装，在外衣口袋中塞入一条新的丝质手帕，把从别人那里借来的50美元放入裤袋中。然后，走上芝加哥的密歇根大道，心里觉得自己不仅很有品位，感觉和洛克菲勒同样有钱。

每天早上，希尔都会穿上一套全新的衣服，在同一个时间里，走上同一条街道。这个时间正好是某位富裕的出版商前往俱乐部吃午餐的时刻，而他所走的路，正好跟希尔走的路线相同。

希尔每天都和出版商打招呼，偶尔，还会停下来和他聊上一、两分钟。

这种每天例行性的会面进行了大约一星期之后，有一天，希尔决定试一试自己的想法了。

这天，希尔只从眼睫毛下偷偷瞄了出版商一眼，然后立即就把眼光凝视正前方。正当希尔要从他身边走过时，出版商却停住了脚步，示意希尔走到人行道边缘上。他把手放在希尔肩上，把希尔从头到脚打量一遍，然后说道："嗯，你的衣服都是哪儿做的?"

希尔说，"这套特别的服装是'威尔基及谢勒理公司'特制的。"

出版商接着想要知道希尔从事哪种行业。希尔身上衣着所表现出来的这种极有成就的"气质"，再加上每天一套不同的新衣服，已引起了出版商很大的好奇心。

殊不知，希尔本来就是希望发生这种情况。

“对于一个刚刚脱下制服的人来说，你看来混得相当不错。”

希尔很潇洒地掸掉手中的哈瓦那雪茄的烟灰，说道：“哦，我正在筹备一份新杂志，打算在最近一段时间内予以出版。”

“一份新杂志，嗯？”出版商回答说，“你打算替这份杂志取什么名称呢？”

“我打算将它命名为《希尔的黄金定律》。”

“不要忘了，”这位出版商马上说，“我是从事杂志印刷及发行的。也许，我也可以帮你的忙。”

这就是希尔所等候的一刻。当他购买这些新衣服时，他心中就想到了这一刻，以及他们现在所站立的这块土地，几乎分毫不差。

但是，你必须认识到，当这位出版商每天在那条街上看到希尔时，如果希尔脸上带着沮丧的神情，身上穿着一套皱得一塌糊涂的旧西装，眼中流露出贫穷的眼神，那么，他将永远不会停下来和希尔谈话。

这位出版商邀请希尔到他的俱乐部，和他共进午餐。在咖啡和香烟尚未送上桌前，他已经“说服了”希尔答应和他签合约，由他负责印刷及发行希尔的杂志。希尔甚至“答应”允许他提供资金给自己，而且不收取行何利息。

额外获得如此庞大的一笔资金通常很难取得，即使你能提供最佳的担保品，也不容易筹得所需的资金。发行《希尔的黄金定律》这本杂志，所需要的资金在三万美元以上，而其中的每一分钱都是从漂亮衣服所创造出来的形象上筹募来的，可以说，是高品位的着装打扮增加了希尔的资本。

看见了吧，一个高品位的外表装扮，在关键时候能成为你获得别人信赖的资本。

也许你还在倔强地认为，人有丰富的内在气质就好，不必在乎有没有品位。话虽如此，但人性的弱点之一就是重衣不重人，你又何苦穿得寒酸小气，甚至邋邋遢遢，让别人把你看低呢？

哈佛人生箴言

成功的外表总是能够吸引人们的注意力，绝无例外。尤其是成功的神情更能吸引人们“赞许性的注意力”。

第7节 懂得建立和维护人际关系

所有成功的人士都有一个共同的特性——他们都懂得如何有效地同别人打交道。我们中有些人在这方面有可贵的直觉，他们学到了这方面的技能。人们应当懂得如何去影响别人的思维方式，也许任何事情的失败，常常都可以归结为是与他人打交道的失败。

在现实生活中，我们常常可以看到这样的事例，一些智商很高，专业水平也不低的人士，晋升或是晋级的机会总是与他们擦身而过，活得很枯涩，很落寂，甚至很无奈。这最关键的原因是他们没有建立良好的人际关系。

不能成功地建立良好的人际关系，其根本的原因是在于太看重自我，囿于狭窄的自我，看不到他人或群体的重要作用。一个囿于自我的人，实际上是剥离了自我的社会意义，是对自我的歪曲和背叛。

事实上，成就一种事业从来就不是纯粹个人的活动。固然，成功之路要自己走，自我是具体活动的承载者。但这并不意味着是纯粹的个体活动。人一生下来就注定是某种群体中的一员。对于每一个致力于事业成功的年轻人来说，与人相处的艺术至关重要。

著名成功学专家卡耐基认为，一个人在工作中获得成功所要求的技能，85%是基于人际关系，即与人相处和合作的品德与能力，只有15%是因为技术和训练。

比尔·盖茨是哈佛大学二年级时就辍学的一位学生，他要去开创他的个人事业。他是有眼光的，他的第一笔订单，就是和IBM公司去签订的，IBM公司当时已经是世界上规模非常大的公司了。为什么比尔·盖茨就比我们要幸运，有这样的机会呢？原来比尔·盖茨的母亲，就是IBM公司的最大的个人股东，并且，她和IBM公司的总裁有着非常良好的个人关系，她当时为她的儿子比尔·盖茨申请了十五分钟和IBM公司总裁见面的机会，我想这一项合作的成就不是简简单单的用十五分钟就能够谈成的，但是，我们大家想一想假若没有这个十五分钟的机会，能不能够促成这一笔生意呢？显然，他母亲的人际关系起到了非常关键的因素。

有一个丰富多彩的人际关系世界是每一个正常人的需要。可是，很多人的这个需要都没有得到满足。他们总是慨叹世界上缺少真情，缺少帮助，缺少关爱，那种强烈的孤独感困扰着他们，折磨着他们。其实，很多人之所以缺少朋友，仅仅是因为他们在人际交往中总是采取消极的、被动的退缩方式，总是期待着友谊和爱情从天而降。这样，使得他们虽然生活在一个人来人往的世界里，却仍然无法摆脱心灵上的孤寂。这些人，是只做交往的响应者，不做交往的始动者。

因此，如果想赢得别人，与别人建立良好的人际关系，摆脱孤独的折磨，就必须主动交往。相对人际关系的建立而言，人际关系的维护是一件比较困难的事。当你给别人留下的美好印象随着时间的推移而慢慢改变时，当你曾经极力掩藏的东西暴露无遗时，当你和朋友之间发生了某些不愉快的冲突时，你的人际关系就会遇到困难。这时候，就需要应用一些技巧来维护已经形成的人际关系，使它不至于破裂。

1．避免无端争论

青年人之间经常喜欢争论，这是很正常的事。但是，我们会发现，有些无端争论往往都是以面红耳赤和不愉快结束的。事实证明，无论谁输了，都会很不舒服，更何况无端争论往往会演化成直接的人身攻击，对于人际关系是非常有害的。因此，我们要解决观点上的不一致的最好途径是讨论、协商，而不是无端争论。

2. 不要直接批评、责怪和抱怨别人

本杰明•富兰克林年轻的时候处事并不圆滑，但是后来却变得富有外交手腕，善于与人应对，因而，成了美国驻法大使。他的成功秘诀就是："我不说别人的坏话，只说别人的好处。"要学会用提醒别人的方式，使别人感到我们并不认为他/她不聪明或无知。记住，只要你不伤及别人的自我价值感，什么事情都好办。

3. 勇于承认自己的错误

虽然承认自己的错误是一种自我否定，但承认错误会带给你巨大的轻松感。明知错了而不承认，会使你背上沉重的思想包袱，使自己在别人的面前始终不能自如地昂起头。另一方面，承认自己的错误，等于变相地承认别人，会使对方显示出超乎寻常的容忍性，从而维持人际关系的稳定。

4. 学会批评

不到不得已时，决不要自作聪明地批评别人。但是，有时善意的批评是对别人行为的很有必要的一种反馈方式。因此，学会批评还是很有必要的。

建立和维护良好的人际关系非常重要，这不仅是我们生活的需要，也是我们成就事业的重要保障。因此，我们应该学会以上人际关系的法则。

哈佛人生箴言

不能成功地建立良好的人际关系，其根本的原因是在于太看重自我，囿于狭窄的自我，看不到他人或群体的重要作用。

第03课

安东尼·塞奇教授关于“潜能”的讲座

——每个人都有自己的优势

安东尼•塞奇研究发现，人类有400多种优势，只有了解自己的优势，才能找到发挥自己优势的最佳位置，最大限度地发挥自己的专长。人生的平庸和失败，很多时候就是因为找不到自己的优势和运用自己的优势。哈佛认为，一个人必须知道自己的价值在哪里，才能成就一番事业。

安东尼•赛奇是哈佛大学肯尼迪政府学院Daewoo国际事务教授，艾什研究中心主任，还兼任亚洲项目和中国公共政策项目首席教授。在由国务院发展研究中心、美国哈佛大学肯尼迪政府学院和清华大学公共管理学院三方合作举办的“公共管理高级培训班”中，担任哈佛方面的项目负责人。

曾在清华公管学院，作过题为《政府治理质量：公民观点》（The Quality of Governance：The Citizens' View）的讲座。

第1讲　找一找我们的优势在哪里

我经常告诉我的学生，每个人身上都有最优秀而独特的地方，这份优秀只属于你自己。而一个人成功与否，取决于他是否能发现自己的优势，并全力将它发挥出来。只有了解自己的优势，最大限度地发挥自己的专长，才能让你登上人生的绚丽舞台。我们要通过正确的评价自己，来发现自己的长处，肯定自己的能力。自我评价的方向和内容对人自身有很大的关系，只看自己的缺点好像千百遍地听人说“你这不行，你那不行，不准干这，不准干那……”但从来不知道自己哪儿行、不知道要干什么，这种情景是令人非常绝望的。然而如果自我评价的方向是正向的、自我肯定的，能够准确发现自己的长处、优势，自己不仅会由此产生积极的情感体验，同时将更有可能发展出好的行为，产生良好的结果。

人们常说人贵有自知之明。这个“明”，既表现为如实看到自己的短处，也表现为如实分析自己的长处。如果只看到自己的短处，似乎是谦虚，实际上是自卑心理在作怪。“尺有所短，寸有所长”，每个人都有自己的优势和长处。如果我们能客观地估价自己，在认识缺点和短处的基础上，找出自己的长处和优势，并发挥优势。正如一个人如果想面面俱到、样样优秀，要耗费的精力实在太多了，但如果能集中优势把一项做精、学专，那将成为某一领域的行家里手，那么你自然而然地就会都得到某方面的成功。

事实上，我们大部分人对自身才干和优势的了解并不全面，更不具备根据优势安排自己生活的能力。相反，我们曾接受的教育“你要把这些那些的缺点改掉，争取做一个好孩子、好学生……”使我们成了查找自身缺点的专家，为修补这些欠缺而一生追求。当我们把过多的精力用于弥补缺点时，也就无暇顾及自己的优点了，这样的人是很难取得事业上的成功的。

在美国，有一个关于成功的寓言故事，一直被广泛流传。这个寓言故事讲的是，为了和人类一样聪明，森林里的动物们开办了一所学校。开学第一天，来了许多动物，学校为它们开设了5门课程，唱歌、跳舞、跑步、爬山和游泳。当老师宣布，今天上跑步课时，小兔子高兴地一下在体育场地跑了一个来回，并自豪地说：我能做好我天生就善于做的事。而再看目的地其他小动物，有撅着嘴的，有绷着脸的。第二天一大早，老师宣布，今天上游泳课，小鸭也兴奋地一下跳进了水里，祖上从来不会游泳并天生恐水的小兔傻了眼，其他小动物更没了招。接下来，第三天是唱歌课，第四天是爬山课……以后发生的情况，便可以猜到了，学校里的每一天课程，小动物们总有喜欢和不喜欢的。

这个寓言诠释了一个通俗的哲理，那就是：不能让猪去唱歌，兔子学游泳。要成功，小兔子就应跑步，小鸭子就该游泳，小松鼠就得爬树。因此，判断一个人是不是成功，最主要的是看他是否最大限度地发挥了自己的优势。

有一个小男孩很喜欢柔道，一位著名的柔道大师答应收他为徒。然而，还没有来得及开始学习，小男孩就在一次车祸中失去了左臂。那位柔道大师找到小男孩，说：“只要你想学，我依然会收你做徒弟的。”于是，小男孩在伤好后，就开始学习柔道。

小男孩知道自己的条件不如别人，因此学得格外认真。三个月过去了，师傅只教了他一招，小男孩感到很纳闷，但他相信师傅这样做一定有自己的道理。又过了三个月，师傅反反复复教的还是这一招，小男孩终于忍不住了，他问师傅："我是不是该学学别的招术？"师傅回答说："你只要把这一招真正学好就够了。"

又过了三个月，师傅带小男孩去参加全国柔道大赛。当裁判宣布小男孩是本次大赛的冠军时，他自己都觉得不可思议。只有一条手臂的他，第一次参赛就以唯一的一招打败了所有的对手。回家的路上，小男孩疑惑地问师傅："我怎么会以一招得了冠军呢？"师傅答道："有两个原因：第一，你学会的这一招是柔道中最难的一招；第二，对付这一招的惟一办法是抓你的左臂。"

世界上没有绝对的废物，只要找到勇敢出击的突破口，谁都是可用之材。而对每个人来说，自身的缺陷在某种情形下正是自身的优势所在，而这种优势是独一无二的，别人无法模仿的。

歌德一度没能充分了解自己的长处，树立了当画家的错误志向，害得他浪费了10多年的光阴，为此他非常后悔；美国女影星霍利•亨特一度竭力避免被定位为短小精悍的女人，结果走了一段弯路。后来幸亏经纪人的引导，她重新根据自己身材娇小、个性鲜明、演技极富弹性的特点进行了正确的定位，出演《钢琴课》等影片，一举夺得戛纳电影节的"金棕榈"奖和奥斯卡大奖；阿西莫夫是一个科普作家，同时也是一个自然科学家。一天上午，他坐在打字机前打字的时候，突然意识到："我不能成为一个第一流的科学家，却能够成为一个第一流的科普作家。"于是，他几乎把全部精力放在科普创作上，终于成了当代世界最著名的科普作家。

那些成大事的成功者，几乎都有一个共同的特征：不论才智高低，也不论他们从事哪一种行业、担任何种职务，他们都在做自己最擅长的事。

我曾经引用三个经济原则做了贴切的比喻，譬如一个国家选择经济发展策略一样，每个人应该选择自己最擅长的工作，做自己专长的事，才会胜任并感觉愉快。

第一个原则是“比较利益原则”。当你把自己与别人相比时，不必羡慕别人，你自己的专长对你才是最有利的。

第二个原则是“机会成本原则”。一旦自己做了选择之后，就得放弃其他的选择，两者之间的取舍就反映出这一工作的机会成本，所以你一旦选择必须全力以赴，增加对工作的认真程度。

第三个原则是“效论原则”。工作的成果不在于你工作时间有多长，而是在于成效有多少，附加值有多高，如此，自己的努力才不会白费，才能得到适当的报偿与鼓舞。

在现代职场上，有些人打拼了多年，却依然碌碌无为，看不到一点成功的迹象。关于成功，不但他们自己，甚至连别人都觉得凭他们的能力和努力，也该会有一番成就的。分析其不成功的原因，就在于他们几乎都没有将自己的才干用在最有把握的工作上，也就是说没有做自己最擅长的事，把才干用错了方向。

你撇开了自己最擅长的工作，无异于抛弃了你最重要的竞争优势。在你不擅长的工作上，即使你费了九牛二虎之力，克服了自己的弱点，至多也不过使你得到一个业余专家的地位而已。

所以，你要想在生活中取得成功，就要选择自己最擅长的，不然，你会看起来正在向成功积极迈进，实际上却是南辕北辙。要想做最擅长的事，你必须认清自己真正的才能和限度，也就是说你具备的才能最适宜干什么领域内的工作，在这个领域内你成功的限度是什么。既不要轻视自己，也不要看高自己，给自己做一番诚实的评价，如果你对自我评价有点不自信，可以咨询专家、亲人或者朋友。当然，最重要的还是听从于心灵的需要，因为你对某项工作表现出来的热情，以及由此挖掘出的潜力，任何人都不如你自己清楚。

天生我才必有用。命运对待每个人都是公平的，每个人都有自己独特的优势。世界并不缺少美，缺少的只是发现美的眼睛。但我们在认识自己的时候往往陷入误区，我们更关注自己的劣势在哪里，却忽视了优势；我们过多地考虑自己如何去适应工作，却很少考虑自己适合怎样的工作；我们更多地沉溺于对自我的责备中，却很少积极地认同自己；我们更多地乐于取长补短，却很少灵活地扬长避短。因此，我们的悲哀不在于缺乏才能，而在于没有发现才能。

哈佛人生箴言

成功是自己造就的。你不必看轻自己，你要相信你的能力是独一无二的，你也许正在完成一件了不起的事，有朝一日，你或许真的可以变得“很不平凡”，而成为大家羡慕的成功者。

第2讲　优势是比较出来的

我们经常会碰到这样一个问题，就是：“请问您觉得自己的优势是什么？”有人说优势是自信，自信让一个人迈着坚定的步伐前进；有人说优势是志向，志向为人生指明了前进的方向；有人说优势是学历，学历是成功的试金石……也许很多人没有好好地总结一下自己的优势到底是什么。

其实，每个人都有自身的优势，但是任何优势都不是绝对的。任何优势都是具有变化性和比较性的，原来也许没有多少优势，但随着事物的发展，优势就有可能变得多起来；现在是优势，将来也许就不是优势；任何优势又都是相比较而存在的，和甲比是优势，和乙比可能就不是优势；在一定范围内是优势，但在更大范围内可能就不是优势。

生活中，很少有人静下心来认真总结一下自己的优势到底是什么。其实，一个人的优势就是和那些人不一样的优点。

我有一个学生，毕业前经过一番精心准备，背了一大包的资料、证书、剪贴本，到一家企业去应聘，面试时，考官边翻看他的简历边问："你有什么优势？"

他花了8年时间参加学完了哈佛经济学院的所有课程，拿到了两张文凭。他认为这是自己最大的优势，于是坚定地说："我获得了两个大学文凭……"考官摇了摇头说："我们有30%的员工拥有双学士和研究生以上的学历，您的学历称不上优势。"

他没有想到考官这么不客气，但这时他并没有灰心，马上又接着说："我曾当过兵，参加过阿富汗战争，比较能吃苦……"考官打断他，摇摇头又说："我们这里保安都是当过兵的，可是我们现在的保安已经满员了。"

为了能取得这家公司的一个职位，他说出了自己很多自认为的优势，喜欢写作，有较好的文字功底等，但考官最终还是婉言拒绝了他。他泄气了，额头上冒出了汗，感到可能大势已去，一边收拾资料，一边往包里放。考官正准备让人事小姐叫下一位时，他又想到一件事，于是又急切地说："我在一家小公司实习时，有一次资金周转困难，我拿出自己的积蓄2万美元为公司渡过难关，这是我们的企业报对我的报道。"

主管看着他递过去的报纸，抬眼说："就这个吗？"

他趁着考官还没有叫下一位的时候，不失时机地又说道："还有一次，一位同事晚上说肚子痛，我看他痛得在床上打滚儿，虽然已经是凌晨2点钟了，但我还是立即背着他，打的把他送到医院。后来那位员工的父母还专程赶到公司来感谢我，给我写了感谢信，公布在公司的网站上。"

他说的都是一些过去做过的事儿，而且令自己实实在在感到自豪的事情，主考官终于露出了笑容，他凝神片刻说："这才是你的优势，这些事反应出你拥有和他人不一样的优点，你被录用了。"

优势是比较出来的，你有的人也有，这就不是什么优势。高学历是不是一个人的优势，关键是看你所处的群体是不是也都是高学历。

优势就像一个人的富有，大家都有一千万，不能说你就是一个富豪。所以说，优势是你在群体中的比较级，拥有和人不一样的优点，你才会有优势。

某公司老总要带领一个团队去某国进行一个合作性的谈判。为了赢得这次谈判，老总决定让外事科遴选公司最精干的力量作为谈判团队。

很快，公司有20个人进入了谈判团队。可以说，进入该团队的人，不是拥有博士学位，就是具有丰富谈判经验的专家。公司上下都知道，团队里的人应该都是公司里的精兵强将。

但让人意外的是，公关科的普通职员约翰斯也在这个团队中。公司上下开始议论纷纷，认为外事科对约翰斯开了后门。最不服气的是公关科的科员麦迪，他和约翰斯相比，不仅资历深厚，学历也高，结果自己没选上。麦迪很生气，直接和板表达了自己的想法。

老板马上叫来外事科的领导："我们这个团队里的人，每个人都是自己的优势，约翰斯只是一个普通科员，学历也不高，你们怎么把他选进来了？难道我们公司无人了吗？我看麦迪就比约翰斯强。"

外事科的人对老板解释说："约翰斯从小就随父亲生活在某国，对那里的人情风俗十分了解，所以，我把他选到这个团队里来了。在这个团队中，和麦迪情况差不多的人很多，麦迪和他们相比，根本就没有什么优势，所以我们没有考虑他。"

这个故事告诉我们，任何事都没有绝对优势，优势始终是相对的，在某一个范围或时期之内，和某一对象比是优势，和另一对象比可能就不是优势；在一定范围之内是优势，在更大范围之内可能就不是优势。在现实中，人的价值就在于拥有某种优势。你能不能得到重用，就看你有没有他人所不具备的优点。

哈佛人生箴言

当你衡量自己有没有优势的时候，不防先和身边的人比较一下，看看你具不具备和人不一样的优点。要有和人不一样的优点，这才是你能够依靠的优势。

第3讲　一定要积极认定自我

你所持有的观念常常对你一生都起着决定性的作用。其中，对自我的客观认定和评价更具重要意义。可以说对自己有一个什么样的认定就可能决定你有一个什么样的人生。因为一个人对自己有一个清醒的认识之后，就会给自己随时补课或让自己的优势进一步扩充。这样的观念和意识必然导致一个人的人格和能力进一步完善、进而更好地立足于社会。

我们常常会一味认定自己是个什么样的人，却无视于这样的认定是否正确；也就是因为这样的认定，所以大大地影响了我们的人生。

我有一个学生参加同学会时，突然被要求谈一些有关最近盛行的旅游话题。由于这是他头一次在众人面前讲话，所以话中常有断续和紧张的情况出现。但是同学会结束后，其中有一位老同学跑来跟他说：“你所讲的内容非常有趣，希望今后有机会能再听你演讲。”在被这位老同学恭维之前，他从未想过尝试在公众面前讲话。于是他开始觉得自己并不是那么差劲，对自己的演讲才能又多了一份信心。后来，这个人竟然成为企业经营问题的专门演说家了。

人生实在是奇妙，不管我们是怎样地认定自己，哪怕那种认定是不好的或有害的，最终我们的人生必然会跟着那种认定走。

譬如说，你坚决相信自己不够聪明，那么当这个念头真的控制了你的头脑，你就会发现它真的无法灵光起来。改变自我认定是件不可能的事，这也就是我们经常听到人们这么说："我就是这个个性，改不掉!"人生若是持这种态度，根本就是在扼杀可能的机会，从而给自己留下永久而无可改变的难题。

对于大部分人来说，要他改变某些行为并不是件多么困难的事，然而要他改变自我认定就不简单了，甚至于还会招来他的敌意。一个人最根本的信念就是对自我的认定，假若触犯了这种认定就会给他造成难以忍受的痛苦，有些人就因为坚守对自我的认定，甚至不惜牺牲自己的生命。

如果你在生活中一直尝试作某些特别的改变，却一再地失败，千万不要灰心。自我认定可以从多次尝试改变着手，只要你能表里如一，最后就必定能够成功。如果你还有心，更可以扩展这个自我认定，它必然可以迅速且奇妙地改善你的人生品质。

当你明白自我认定的演变过程，那么就有机会去拓展你的自我认定，乃至整个人生。

紫博拉是一位精力充沛、热爱冒险的女性，但她可不是一开始就是这个样子。她是经过一个自我认定的转变才成为现在这个样子的。她说："我小时候是个胆小鬼，我不敢做任何运动，凡是可能受伤的活动我一概不碰。"参加过几次罗宾的研讨会后，她有了一些新的运动经验(潜水、赤足过火和高空跳伞)，从而知道自己事实上可以做到一些事，只要有一些压力即可。虽然她是这么想的，可是这些体验还不足以使她形成有力的信念，改变她先前的自我认定，她自认为是个"有勇气高空跳伞的胆小鬼"。依她的说法，当时转变还没发生，可是她不知道，事实上转变已经开始。她说其他的人都很羡慕她那些表现，告诉她："我真希望也能有你那样的胆子，敢尝试这么多的冒险活动。”一开始，她对大家的夸奖的确很高兴，听多了之后她便不得不质疑起来，是不是以前错估了自己。

“最后，”紫博拉说道，“我开始把痛苦跟胆小鬼的想法连在一块儿，我决心不再把自己想成是个胆小鬼。”事情并不是这么说说便完了，事实上她的内心有很强烈的争战，一方是她那些朋友对她的看法，一方是她对自己的认定，两方并不相符。后来又有一次要高空跳伞，她把它当成是改变自我认定的机会，要从“我可能”变成“我能够”，而让想冒险的企图从而扩大为敢于冒险的信念。

当飞机攀升到12500英尺的高空时，紫博拉望着那些没什么跳伞经验的队友和他们都极力压抑着的内心的恐惧，但故意装作兴致很高的样子。她告诉自己：“他们现在的样子正是过去的我，而此刻我已不属于他们那一群，今天我可要好好地展示一下自己的魅力。”她运用了他们的恐惧，来强化出她希望变成的新角色，她心里说道：“那就是我过去的反应。”随之，她很惊讶地发现自己刚刚已历经了重大的转变，她不再是个胆小鬼，而成为一个敢冒险、有能力、正要去享受人生的女性。

她是第一位跳出飞机的队员。下降时，她一路兴奋地高声狂呼，似乎这辈子就从没有这么有活力过。她之所以能够跨出自我设限的那一步，主要的原因就在于，她一下子采取了新的自我认定，从而自心底想好好表现，以作为其他跳伞者的好榜样。

紫博拉的转变很完全，因为新的体验使她能一步步淡化掉旧的自我认定，从而做出决定，去拓展更大的能力范围。她新的自我认定使她成为一位真正敢于冒险的领导者。

自我认定的转换很可能是人生中最有趣、最神奇和最自在的经验，这也就是何以有那么多成人会一整年都盼望着新年和自己的生日，其中一个原因是这两个节庆能使他们走出自我，而改换成期望的另外一个自我。这个暂时的自我可能会让他们有勇气去做那些平常不敢做的事，而那些事他们一直想做却不敢做，跟他们平日的自我认定不够积极有关。

哈佛人生箴言

只要我们能积极地认定自我，我们就可以随时去做我们想做的事。人的潜能是无穷的，或者纯粹就是让“真实的自我”显现出来，去除过去及现在所贴在身上的一切标签，那么你就一定会是最棒的！

第4讲 懂得整合“小数优势”

细节决定成败，很多小的事物集合在一起，就会形成不可估量的力量。一个人的优势也是如此，将众多小的优势集中起来，也会形成巨大优势。所以，要想发挥自己的优势，就应该整合小数优势。

大数是由无数个小数组合起来的。但为什么非要把小数组合起来呢？它对我们的优势发挥真的很重要吗？

想一想，一只小船和一只大船，谁更具有抗风浪的能力呢？当然是大船了。大船无论从体积到自重都强于小船，一旦遇到强大风浪，小船就会倾覆，而大船就会像不沉的航母一样，仍然乘风破浪，奋勇前进。根据这个道理，很多高效能人士都惯于把小数组合为一个大数，用以发挥更大的优势来规避风险。

许多失败者都是因为没有很好地使小数整合成为大数。他们认为，小数也能发挥它的优势，但是，如果遇到一些大麻烦，小数就很容易被击败。假如能把这些小数整合起来，它们的优势绝对是不可想象的。

美国军方曾经宣称：一名优秀数学家的作用可抵10个师的兵力。你可知道这句话的由来吗？

二战时期，美英联军运输物质的船队经常遭到潜伏在海底的德国潜水艇袭击，给联军带来了惨重的损失。为此，联军采取了很多措施来对付德军的潜水艇，但都收效甚微。

后来他们请教了几位数学家，这几位数学家告诉联军，他们现在的舰队编排不合理。

“但我们都是按规定整编的。”联军指挥官说。

数学家告诉他：“舰队与敌人潜水艇相遇是一个随机事件，按数学角度来看这一问题，会发现它具有一定的规律，一定数量的船（如100艘），编队规模越小，编次就越多（如每次20艘，就要有5个编次）；编次越多，与敌人相遇的概率就会越大，这样就很不利于盟军的运输。比如5位同学放学都回到自己家里，老师要找一位同学的话，随便去哪家都行，但若这5个同学都集中在某一家的话，老师一次找到的机会就只有20%。

这就说明了一个问题：要尽量减少编次，来避免德军的袭击，降低运输船只的损失。”

数学家正是运用了整合小数的优势，让联军把小舰队改编成大舰队，它的风险就会降低。这样做是否有效呢？

后来，联军按数学家说的去做了，他们把所有的舰船集中起来通过海上时，30艘舰艇中，只有一只被击中，其余29艘安全通过。从此以后，联军就是用这种办法，顺利地保证了物质供应。

当二战胜利时，联军召开表彰大会，数学家立了头等功，一位将军激动地说：“我们之所以把数学家纳入我军的授奖范围，是因为数学家为我们取得胜利起了决定性的作用，他们的一个主意能顶得上十个师的兵力。”

为什么这位长官对数学家的评价这么高呢？原因是数学家在他们应付德国潜水艇中起到了关键作用，他用数学概率为联军指明了一条通往胜利的道路。联军正是沿着这条路，躲避了德国潜水艇的袭击。说得更准确些就是惯于整合小数使联军取得了胜利的优势。

为什么联军在没有得到数学家指导前多次遭到德军潜水艇袭击且损失惨重呢？原因就是他们的小数抵风险能力弱，不能有效地抵抗德国潜水艇的袭击。这充分证明了小数不能规避风险，一旦遇到风吹草动，他们就会觉得无法站稳脚跟，而大数呢？虽然有一点风险，因为他们有很多的小数，仍可以凭着这些整合起来的大数发挥自己的优势。所有的“大”都是由“小”整合而成的。

哈佛人生箴言

那些小知识、小经验、小技术形成了一个人的优势。集中众多小的优势，让它发挥出巨大作用，这就是发挥自己优势的智慧。

第5讲　发挥你的最大优势和潜能

潜能是指平时所没有表现出的能力，每一个人都有潜能的存在。人的潜能是无定量的，要想开发潜能，要做到多方面：每天给予自己积极的暗示，使自己过好每一天。我们要向高难度的事情挑战，敢于实践自己，人在紧急关头就会发挥60%潜能，平常人只会发挥10%的潜能。同时，要发挥自己的潜能培养自己的自信心也是很重要的，在任何事情面前都不要退缩，要相信自己的能力，充分发挥自己的潜能。同时，我们要发现自身的优势。自身优势简单说就是个人才干，就是个人本身所具有的超出别人表面的或者内在的素质。才干是人做事的工具，是人做事的能力和本领。才干包括敏锐的洞察力，准确的判断力，科学的决策力，果敢的执行力，灵活的协调力，谨慎的校错力，坚定的意志力等等。要找到自己的强项，强项就是我们的比较优势，就是区别于他人的重要特点，或者说是自己的非凡之处。我们要善于发现自己的强项，激发自己的强项，强化自己的强项，发挥自己的强项。这就是成功的支点，是我们安身立命、建功立业的基础。

每个人都是自己命运的主人，乞求别人，等待别人的恩赐，只能让我们养成一种惰性。不要把命运的方向盘交给别人，别人给什么，我们就只能要什么，别人不给，就什么都得不到。自然，人人都会遭受挫折，但不能把命运的主动权拴在别人的腰带上。

从前，有两个饥饿的人得到了一位长者的恩赐：一根鱼竿和一篓鲜活硕大的鱼，其中，一个要一篓鱼，另一个人要了一根鱼竿，于是，他们分道扬镳了。得到鱼的人原地就用干柴搭起篝火煮起了鱼，他狼吞虎咽，还来不及品出鲜鱼的肉香，转瞬间，连鱼带汤就被他吃了个精光。不久，他便向遥远的海边走去。可当他已经看到了不远处那片蔚蓝色的海洋时，他浑身的最后一点力气也使完了，他也只能眼巴巴地带着无尽的遗憾撒手人世。

别人的恩赐有什么用？也许上天最大的恩赐是给了你脑、心、手和脚。

事实上，我们有时在遇到困难的时候，首先想到的不是自己解决，而是寻求别人的帮助。

一个车夫正赶着马车，艰难地行进在泥泞的道路上，马车上装满货物。

忽然马车的车轮深深地陷进了烂泥中。马怎么用力也拉不出来。

车夫站在那儿，无助地看看四周，时不时喊着大力士阿喀流斯的名字，让他来帮助自己。

最后阿喀流斯出现了，他对车夫说："把你自己的肩膀顶到车轮上，然后再赶马，这样你就会得到大力士阿喀流斯或其他人的帮助。"

天助自助者，完全依赖别人的恩赐是不可能的。我们解决问题首先想到的应该是自助。因此，在生活当中，我们难免会遇到许多麻烦和困难，但我们首先想到的应该是我应该如何去做才能解决它。那么我们就要敢于试一试，拼一拼，将自身的能量最大限度地发挥出来，战胜困难，最终解决问题。如果我们遇到困难时，就会想着一味地烧香拜佛，乞求得到别人的帮助，那样你将永远会陷在困难之中，那样你只能是凡人之中的凡人。要做凡人还是圣人，关键在于我们自己。

信念时时刻刻都在影响着人的行为和命运，决定着人的成功、健康和幸福。如果你想成功，就必须拥有一个必胜的信念，让它指引你走向人生的巅峰！

现实生活中我们也许听说过，一位父亲病危，但一息尚存，因为他在等待远方正赶回来的儿子。当儿子赶到床前，清楚地呼唤，父亲缓缓地睁开眼睛看儿子一眼，然后又缓缓地闭上双眼，幽幽地飘然仙去……是什么在支撑这位父亲的生命？这是信念的力量——“一定要看儿子最后一眼”的信念在支持着他。

当你拥有坚定的信念，就无疑给自己潜意识下了一道不容置疑的命令，有什么样的信念，就决定你有什么样的力量。一切的决定、思考、感受、行动都受控于某种力量，它就是我们的信念。

人的天性里有一种倾向：自己有什么样的信念，个人就真的会成为什么样子。这句话的意思也就是说，如果你是一个有信念的人，你有信心克服困难，有信心处理问题，有获得成功的信念，那么，你身上的一切能力都会为你的信念去努力，你也就有可能成为你希望成为的那样。但是，如果你没有信念，或者认为自己没有能力去做这一切，那么，你的一切能力也就会随之而沉寂。

成功的人和失败的人之间，有一个很大的区别：成功的人在事业尚未成功之时，心中便已经树立了一个成功的信念。这种信念推动、激励着他，便培养了他的积极性，增强了他必胜的信心，由此产生原动力，使他为了成功而加倍努力，到最终他成功的概率要比没有这种信念的人高许多。

在生活中要想取得成功，就需要树立一个目标。目标越远大，积极性就会越强。树立成功目标的首要条件就是要有成功的信念。有了这种信念，便会使你有较为明确的奋斗目标。有了这种目标，就会早日迈向成功的殿堂。

任何一位成功的人，在自己创业过程中不管遇到多大的困难，在困难的面前，他都会毫不畏惧，因为他坚信：我一定能够成功。这种自然流露出来的自信心，也正好是源于其经深藏心底的成功信念。为此，他不断向前，不断开拓，不断创新，不断追求成功，以成功为发展目标，成功的信念也激发了他的自信心。所以，即使遇到再大的困难，他的成功信念是决不会打消的。艰难险阻、不良环境只会增强他的信心，而不会令其裹足不前。

总之，你如果渴望成功，希望毕业后能干出一番大事业。首先就需要在内心有一个成功的信念。这个信念越大，你将来事业上的目标就会相应地越高越远，将来便会取得更大的成就。如果不树立成功的信念，不去订立宏伟的目标，在事业的旅途上，只会茫无头绪，不知所措。相应地，就会离成功之路更加遥远。

我们身上存在着无限的潜能，就像能源藏在海底，藏在深山里，需要开发才能显现出来。若想切实地感受到这种力量，只有立即行动。行动起来，你就会得到足够的力量，你也定会因此而欢欣鼓舞，信心倍增。行动起来，我们自会感受到力量源源而来，凭借这种力量我们可以完成既定目标。可以不断地超越现在、超越自我，这种行动得来的力量并不是发掘到了什么潜能，而是解除了对我们本身能力的一种禁锢。这种人具有的力量，是没有极限的，永远都会大于我们自身。

哈佛人生箴言

谁也不可能在一生之中成功地充分表现真正的自我，我们实际表现出来的自我，从未竭尽真正自我的全部能量。

第6讲 你可以把弱点转换为优点

对于你来讲，你最想克服的弱点是什么？是伤感、失望、恐惧、生气，还是沮丧、酗酒?无论是什么，成功人士都会明确告诉你，它绝对不能永远打败你。记住了这一事实，你就可以将最弱的地方转化为最强。

把你的优点和弱点分别列在两张纸条上，把写着优点的纸条放在一个你能看到的地方，因为看到它总能够让你提起精神来。

现在看着写着弱点的纸条，并且研究一会儿。看着这些弱点直到你不再因为它们而感到羞耻和罪恶。让它们成为有趣的特性而不是负面的特点。问一问你自己怎样才能使每一种特性对你产生积极的作用。尽管我们通常不这样对我们的弱点提问。

印度有一位女性，自从懂事之后。一直为脸上的一颗红痣而懊恼万分，因而患了“见人恐怖症”。一见有人来到她的家，她就赶紧躲进房间，闭门不出。

一天，在母亲的一番激励之后，她奋发而起，心想：“既然无法治好我的缺点，不如反过来用它。”

后来，她在众多的化学家的帮助下，成功地制造出掩饰红痣用的化妆品，她为了推广这个化妆品，跑遍了全国，救了不少与她一样为红痣苦恼的人。她也因此而积富千万，成为名利双收的女实业家。

闻名于世的美国大诗人爱默生说：“任何人的弱点，都能扮演积极的角色。”这就是说，弱点与优点之间，往往只有一纸之隔，与其勉为其难地矫正它，不如正视它，想办法善用它。这才是聪明的做法。

将弱点转化为优点，而获得成功的例子，在娱乐界也经常见到。

俄罗斯有位名叫库雅斯科娃的女士，她有一副好嗓子，一心想当歌星，遗憾的是嘴巴太大，还有暴牙。她初次上台演唱时，努力用上嘴唇掩盖暴牙，自以为那是很有魅力的表情，殊不知给别人留下了非常滑稽可笑的印象。

有一位歌迷直率地告诉库雅斯科娃："暴牙不必掩藏，你应该尽情地张开嘴巴，观众看到你真实大方的表情，相信一定会喜欢你的。也许你所介意的暴牙，会为你带来好运呢！"

一个歌唱演员在大庭广众之下暴露自己的缺陷，首先是要用理智说服自己，还要有勇气打败自己。库雅斯科娃接受了这位歌迷的忠告，不再为暴牙而烦恼，她尽情地张开嘴巴，发挥自己的特长，终于成为俄罗斯影视界的大明星。

世界上没有完美的事，没有完美的人，人人都有弱点，都有不足，但弱点和不足本身并不重要，重要的是你要扬长避短，摆脱弱点的束缚，拿出勇气，将它转化为优点，让全身心获得一种自由，潇洒地走向生活。

贝茨是一个杰出的踢踏舞舞者，他被称为"木腿贝茨"。他在早年失去了一条腿，这样的状况会令大部分人放弃任何成为职业舞者的梦想。

但是对于贝茨来说，失去一条腿不再是他的弱点。贝茨把它变成了一个优势。他把一个踢踏板安装在木腿的底部，发展出一种神奇的切分音式的踢踏舞风格。正因为如此，他在试演中脱颖而出。他的成功就在于将自己的弱点转化为优势。

基金募集大师迈克尔•巴斯奥福，因为将不被看好的成员发展成为最好的基金募集人而震惊西方世界。他，也是一个喜欢正视弱点的人，因为他知道弱点可以转化为优点。比方说，如果基金会有一个“害羞”的秘书和他一起工作，他就会让那位“害羞”的秘书成为“最佳的倾听者”。很快捐赠人都迫不及待地要同那一个害羞的员工谈话，因为，她是一个绝佳的倾听者，可以让说话的人感到自己非常重要。

当阿诺德·施瓦辛格成为一名职业演员的时候，他有一个弱点：浓重的奥地利口音。这并没有持续很长时间，奥地利口音和他扮演的动作、英雄的魅力混合在一起出现在屏幕上的时候，他的弱点就变成了优点。口音成为他所塑造的人物的一个特征，人们也纷纷仿效起来。

有一个英国人米克，他早年的一个弱点是同别人谈话的障碍。他对自己同别人交谈的能力没有自信。因此，米克养成了给别人写信和写便条的习惯。熟能生巧，过了一段时间，米克成了写信和写便条的高手，米克把弱点转化成了力量。米克写的信和便条拓展了米克的关系网，而如果米克只是将他的羞怯当成一个弱点来看待的话，他是做不到这一点的。

杰克有4个孩子，但是他的第一个孩子是在他35岁的时候出生的。有很长一段时间他认为自己比“通常的父亲”老相。他很担心，担心自己的儿女会因为有这样一个“老爸爸”而感到无所适从。后来，杰克明白了这并不是他的弱点。杰克想到如果回到25岁，当时的他要成为一个好父亲是非常困难的。于是，“老爸爸变成了好父亲”。

可见，拥有积极心态，就能使一个人将自己的弱点积极地转为优点。这种转化的过程有点类似焊接金属，如果有一片金属破裂，经过焊接后，它反而比原来的金属更坚固。这是因为高度的热力使金属的分子结构更为紧密的缘故。

那么，如果将弱点转化为优点呢？你可以依据下面4个步骤来实现它：

（1）孤立弱点，将它研究透彻，然后设计一个计划加以克服。

（2）详细列出你的期望达到的目标。

（3）在你的最弱之处，采取最强的步骤。

（4）请求他人的帮助，相信他们会这样做的。

哈佛人生箴言

做人要善于把自己的弱点转变为优点，这样你才能使自己得到很好的调整，让自己变得更完美。

第7讲　你的成长比成功重要

这是个人人崇拜成功的时代，但登上顶峰的人毕竟凤毛麟角。对成功，我们的定义很狭窄，往往感觉付出太多，收获却太少。歌德曾说过："每个人都想成功，但没想到成长"。成功其实是向某个目标前进的过程，是在表达自己对人生的态度。

成功应该包含两方面的含义。一是社会承认了个人的价值，并赋予个人相应的酬谢，如金钱、地位、房屋、尊重等等。二是自己承认自己的价值，从而充满自信、充实感和幸福感。

什么才是成功？比尔•盖茨把成功看成是一种人生态度的成功，而不只是赚了多少钱、成立了多少公司才是成功。价值观念树立正确，人生态度端正，这就是成功的基础。在事业的巅峰，比尔•盖茨拿出大量的资金资助与贫困人群有关的事业，开始了人生另一方向的锻造。比尔•盖茨曾很有感触地说："我最激动的一刻是有一年到印度去做慈善捐赠的时候，我在印度一个乡下看到了一些医生，他们看到我就非常兴奋地来感谢我——感谢我的理由是因为有了微软的技术，他们能够做远程治疗了，能够救治很多本来救不活的病人。"比尔•盖茨说到这里时热泪盈眶，他觉得这才证明他真的帮助世界做了一些事情，这一刻他才真正感受到成功。

成功不仅仅是超越他人，而它的意义更在于超越自己。每一次的超越就意味着自身的成长，当一次次超越的积累到一定程度，成功自然就降临了。

有人曾问："在自然界，谁的力气最大？"有人说是大象，因为它可以把大树连根拔起；也有人说是鲸鱼，它可以顶翻一艘远洋巨轮。而我认为，力气最大的是蚂蚁，可以举起超越它体重的东西。原因很简单：其他动物都在想如何超越别人，而蚂蚁所超越的却是自己。

曾经听过这么一句话"人生最大的敌人，不是别人，而是自己"。由此可知：只有超越自我，才能成功。在漫长的人生路，犹如一条山间的羊肠小道，路上布满石头、荆棘，跨越了这些石头、荆棘，光明、希望已不再遥远。然而，要跨越这些石头、荆棘，并非一件容易的事，只有在跨越中不断超越，超越自我，战胜自我，才是真正的成功。

成功就是生活，是长期的平安、喜乐和幸福的生活。耶稣说，永恒的生命就是对这些成功品质的永久体验。生活中真正需要的东西是看不见的，像平安、和谐、诚实、安全感、幸福。它们来自于人的灵魂深处。思念它们就是在我们心中建立天堂。"只能积攒财宝在天上，天上没有虫子咬，不能锈坏，也没有贼挖窟窿来偷。""成功在人生当中只有一两个点，它是外在，由别人去评论；而成长是个持续的过程，是内在，在内心愉悦存在。说起成功，每个人都担心失去，而成长是自己的，虽缓慢成长，但却充满自信。"如果对成功过于迷信，对成功的认识过于狭窄，会活得很辛苦。"给我一个支点，我就能撬起整个地球"，成长便是成功的支点。成功或许是一瞬，但成长却是一段过程，这是成功无法企及的。有时候，我们太注重成功，往往忽视了成长的必要，这是不可取的。"不积小流，无以成江河。"人生就是这样一个循序渐进的过程。成功是个巨大的目标和诱惑，试着留意身边的点滴吧，在沉思中你会找到自己人生的支点。

成长才是一个持续的过程。今天的成功，只代表现在这个时刻，如果看得远些，就知道山外有山，楼外有楼；如果看得长，就知道山高路远、山高路险，面对未来，就没有任何理由骄傲；而在成长的过程中，通过学习，自我提高，才是最实实在在的收获，这种收获远比成功更重要。

如果对于一棵树来说，成功是开花结果，是无数人在树下瞻仰其英姿，那么成长则是在成功之前无数的日日夜夜，不为人知地默默吸收阳光、雨露，每天清晨与朝阳对语，傍晚与夕阳道别，在暴风雨中挺着自己的身躯，等待着阳光灿烂。或许，人们会认为，对于树来说，受人瞻仰的岁月是快乐的，但是秋天总会到来，于是，树又要面对成长的岁月，难道他不快乐吗？不。在不断成长的岁月里，它感受到了吸收营养的充实，感受到搏击风雨后的自豪。没有无数个不为人知的夜晚，没有看似痛苦的成长历程，哪里有繁花似锦？

人，亦是如此。在这个个人价值得以释放的时代，每个人都在选择一种成长方式，能够抵达成功，而没有成长，又怎么可能拥有成功？成长对于每一个人来说都意味着思想成熟，行为举止成熟，一切都开始成熟起来，包括日常生活、职场生活，我们从一个任性的小孩慢慢成长，在社会的洗礼下变得坚强，必然会经不起一些风浪的吹打，毕竟我们还未很成熟，我们的思想还是那样的稚嫩，还缺乏意志力的磨炼，遇到事情还不能用比较理智的思维去考虑，只是很盲目地去处理。成长对于每一个人来说意味着思想的改变，原本比较单纯的想法，随着成长会成熟起来，包括感情、事业、家庭，我们在每一个阶段都会制定不同的目标，以便能更好地去完成我们的人生规划，有的会比较现实（大多人）而也有些人会为了自己的目标而不顾一切地去追求，随着成长，他们只会更加强烈、坚定不移地去实行，就像爱情一样，随着成长也会改变……

让我们在成长中渐渐成熟起来，在成长中我们寻找属于自己的东西，学会坚强，学会尝试，走向成功。

成长就是一个超越自我的过程，在一次次的超越过程中，人的自身会不断地得到完善和提高。而每一次的自我超越就是一种成功。

哈佛人生箴言

成功只是成长过程中的一个组成部分，不能为了成功而成功，只有先让自己成长起来，重视自身的成长，成功才不会变成遥不可及的事情。

第04课

玛莎·舒瓦茨教授关于“自信”的讲座

——有信心才会有未来

信心是成功的一半。信心是成功的动力。一个人如果没有自信，成功就会变得非常遥远。一个充满信心的人懂得不断为自己加油，永远向前看。我们应该用充足的信心迎接挑战，相信自己是强者，用强者的心态和姿势去面对一切。

玛莎·舒瓦茨，1050年出生，美国景观设计师，哈佛大学拉德克利夫学院（Radcliffe College）的客座艺术家。她有纯艺术（fine art）的教育背景，同时也是景观设计师，她的作品涵盖从私人委托到城市设计的各种尺度的设计项目。她毕业于密歇根大学，获得纯艺术学士和景观设计硕士学位，曾在哈佛设计研究院学习。作为一个有着超过30年经验的经过设计师和艺术家，虽然她的作品没有得到艺术界的承认，她获得了许多设计界高度认可的奖项和荣誉包括在2006年美国库柏·休伊特国家建筑设计奖(The Cooper—Hewitt National Design Award），奖励她对景观设计事业所做的工作，英国皇家建筑学院（RIBA）的荣誉学位，美国景观设计协会（ASLA）的多项大奖，她曾经是罗马美国学院（American Academy in Rome）的会员。

第1讲　信心是成功的动力

信心，能使人充满希望，能够充分开发一个人的潜能。人的潜能是一片广阔的天地，它像宇宙一样，无边无际。那么，为什么会有些人在事业上贡献突出，而另一些人则碌碌无为呢？原因是多数人受到社会条件的制约，总认为自己的见解无足轻重，自己注定没出息，自己的命运不好，自己注定了是无所作为的。这种自卑或自暴自弃心理，正是消极的丧失信心的表现，也阻碍了人们前进的步伐。

哈佛培育了很多杰出人物，但并非个个都是“天才”，而是能充分挖掘自身的潜力的人，他们中的大多数人都坚信自己一定可以完成别人做不到的事情。正是这种坚强的信心，使得他们不畏艰难险阻，无论在任何情况下，都能使自身处于一种最佳状态，把全部的能量都发挥在自己的行动上。

我们与天才们的差距实际上就在于我们能否正确认识客体和认识自己，并且能否充分发挥自己的才智。我们完全没有必要去仰慕、崇拜天才或偶像，最重要的是珍视您自己的能力，充分发挥它，您就是一个人才。

古往今来，许多失败者之所以失败，究其原因，不是因为无能，而是因为缺乏信心。没有信心，实际上是由于放弃了争取实现可能性的努力，使可能变成不可能。一分信心，一分努力，一分成功；十分信心，十分努力，十分成功。

这个世界是由自信心创造的。世界上有2/3的人患有营养不良，差别只是程度不同。同样地，世界上信心不足的人也有2/3，也只是有着程度的不同。营养不良，使人的身体无法正常发育；信心不足，则使人的才能无从发挥。您要相信自己，您要对自己的能力有信心！

人人都有梦想，人人都想要成功，每一个人都想要获得一些最美好的事物。没有人会喜欢碌碌无为，过平庸的生活。

寸有所长，尺有所短，每个人对自己得有信心。信心是一种人格特质，也是一种平静稳定的心理现象，更是一个人成就自己的美德。有大信心者，就会有大成功；有小信心者，只能有小成功；没有信心者，则没有成功。

有信心的人，总是显得稳健安定，仪态优雅，从容机智；缺乏信心的人，则惶惑畏惧，优柔寡断。信心是精神生活的舵，它维持我们生活的方向；信心是生活的存储器。它使我们强壮有力，无坚不摧。

这是发生在1980年的一段历史：新西兰人李特和另外5人，从斐济群岛的威第雷佛出发，共搭乘一艘仅有4米长的机帆船，到离岸15公里的暗礁上去旅游。6人在万里无云的南太平洋上，观赏五颜六色的珊瑚，海面平静，晶莹诱人。下午3点钟。他们启程返航，就在他们笑声不绝的时候，海面突起风浪，将小艇打翻，几个人被抛入海中，情势十分危急。

大家惊恐慌乱起来，有人主张游回暗礁，有人建议弃船游回威第雷佛。大家七嘴八舌，各执一词。这时，比尔插话了，他是一个有经验的冲浪救生会会员，精于海上脱险逃生技术，是位信心十足的人。他打断了大家的话，坚定地说："最要紧的是我们不要离开船。大家聚在一起还有希望，万一分开，我们只有靠个人的力量，而鲨鱼和海浪随时会把我们吞吃掉。大家一定要采取团体行动，发挥团队精神，保持必能生还的信心。"

大家看到比尔的话里充满着信心，都接受了他的建议。众人齐心合力把小船扶正，只有舱顶露出水面。这个摇摇晃晃的船体，是他们求生的惟一希望。他们在水里共同推着船前进，轮流进入舱内休息。翻倒的船由6个人缓缓向前推着，比尔不断地鼓舞大家，同伴中只要有人体力不支，就到船舱里休息一会儿，让别人推着走。经过18个小时的艰苦奋斗，才游回了岸边，众人终于死里逃生。

李特等人的求生力量源自于信心，如果他们没有了信心，最终不可能全部生还。

有人说，信心好比是左右我们一生成就的调温器。这句话颇有道理，一个平庸的原地踏步的人，总觉得自己不重要，成就不了什么大事，因而他扮演的始终是可有可无的小角色。这样的人，从他的言谈、举止、行为中都显示出缺乏信心。

哈佛人生箴言

否定自己是一种消极的力量，它常常使人走向失败之途；而一个有信心的人，则常常踏上成功之路。

第2讲　不要把自傲当自信

自信的力量是巨大的，千百年来，人们出于创造更美好生活的目的，对人的信心抱着崇高的期望，但是千万不要把自傲当成了自信，那样只能令自己陷入尴尬的境地。

有人说一个人的成就，绝不会比他的自信能达到地更高。这就给所有要成大事的人提供了一个标尺和要求：在开始做事之前，就要充分自信。

如果一个人不自信，那么他时刻会受到环境和别人的影响。只要一个人能成功地摆脱对自身能力的怀疑，无论什么困难摆在面前，都会坚信自己一定能成功，因此，最终自己也一定能成功。

当杜邦在法拉格特将军面前陈述未能攻陷切斯特城的种种原因时，法拉格特将军加上了一句：“此外还有一个原因你没有提到，那就是你不相信自己能做成那件事。”

一个连自己都不相信的人是不能做成大事的，只有领悟了信心的作用，通过不断的努力，才可以成就一番事业。

不要去理睬别人的闲言碎语，把它们抛到空中，让风吹散“你不会成功、你生来就不是成功的料、成功不是为你准备的”等等无稽之谈，用你的行动来证明自己的能力，来展示自己的魅力。

首先要给人一个良好的印象。有人给周围人的印象，常常取决于他的自我评价。对于那些非常自信的人来说，周围的人也会非常信任他。

因为他做事充满了自主性。如果一个人做事时充满了自主性，能够雷厉风行，那么他一定能成功。

如果一个人给别人一种非常胆怯、从来不相信自己、无法独立做出判断、总是依赖别人意见的感觉，那么他就不能得到人们的信任。而自我贬低的不良习惯又对一个人性格的培养极具腐蚀作用，会打击他的自信心，扼杀他的独立精神，使他找不到生活的精神支柱。

艾茉莉是来自美国新泽西州的学生，也是她所在镇里唯一来哈佛读书的人。在她准备起程到哈佛上学前，当地的人都为她能到哈佛上学而感到自豪，她自己也庆幸能有这样好的机遇。

但是，艾茉莉的兴奋劲还没过，就突然对自己的感觉越来越糟糕了。她在哈佛过得很辛苦，上课听不懂，说话带土音。

更让她受不了的是，许多人都知道的事她却一无所知，而许多她知道的事别人却又觉得好笑。她开始后悔自己到哈佛来。

感到孤独无比的艾茉莉，觉得自己是全哈佛最自卑的人，无奈之下，她去看了心理医生。

心理医生对她是这样诊断的：她已跨入了个人成长的“新世纪”，可她对已经过去了的“旧世纪”仍恋恋不舍；她面临的是乡镇文化与都市文化的冲突；她没有想到，哈佛对她来说，不仅是知识探索的殿堂，也是文化融合的熔炉。

她对生活的种种挑战，不是想方设法加以适应，而是缩在一角，惊恐地望着它们，哀叹自己的无能与不幸；她对能来哈佛上学这一辉煌成就已感到麻木不仁。

她的眼睛只盯着当前的困难与挫折，没有信心去再造就一次人生的辉煌；她以高中生的学习方法去应付大学生的学习要求，自然是格格不入，她抱残守缺，不知如何改变。

她因为自己来自小地方，说话土里土气，做事傻里傻气，就认定周围的人在鄙视她，嫌弃她。可她没有意识到，正是因为自己的自卑，才使周围人无法接近她，帮助她。

总而言之，艾茉莉的问题核心就在于：她往日的心理平衡点彻底打破了，她需要在哈佛大学建立新的心理平衡点。

为此，心理医生实施的治疗方法是：要她找回自信心。

首先，他要艾茉莉看到在哈佛上学的不适应是普遍现象，要她产生一种还有许多人和自己一样的平衡感。

再次，心理医生要艾茉莉多参加一些活动，多和别人接触，不要把自己关闭在自己的世界里。

就这样经过一系列的心理治疗，艾茉莉在心中重新播撒了自信的种子。她学会了交往，并交到了许多知心的朋友，也对自己的学习有很大帮助。

自我责备、自我贬低也许就是我们所知最具破坏力的心态之一。有些人经常以这样的方式伤害自己，似乎表明着自己是一个渺小的人，一个毫无价值的人。与别人相比，自己简直一无是处。不管去哪里，总是坐到最后一排，或者想尽办法逃离人们的视线。

在人的天性中，的确存在着这种令人鄙视的弱点。人们喜欢那些勇敢的人，他们昂首行走在人群中，精神自由，思想独立，过着自己想过的生活。

1999年中国22岁男子于大伟拿到了美国麻省理工大学博士学位，却在参加面试时同导师菲克教授激烈地辩论起来，教授非常生气。他们的争吵声掩盖了整个走廊。

“就凭你那个实验方案，我马上就可以指出不下十几个错误。”菲克教授大声说。

“这只能表明这个方案不成熟，要是能接受我成为你的学生，我自信可以把这个方案改得完美。”于大伟不客气地说。

“我是这样想的。”于大伟说，“我知道麻省已经不会录取我了。”

但是，没想到，秘书在宣布录取名单时读到“中国的于大伟”。

菲克教授站了起来，当着众人的面对他说：“你看，我的孩子，你骂了我一个小时，但我还是决定要你。因为，我要你尽情地在我的支持下反对我的理论，如果事实证明你是错的，我将十分高兴。如果你是对的，我将更加高兴。”于大伟深受感动，他终于可以如愿以偿，成为麻省理工大学的学生了。

爱默生说：“如果一个人不自欺，也将不被欺。”我们拥有坚定和自信的个性，就不会自欺欺人。总是能对自我和生活作出积极的、实事求是的评价，就可以不断塑造自己的品格。在生活中，不要无端地低估自己，鄙视自己。

完全认可自己、忠实自己，是一个人最宝贵的品质。如果一个人在内心没有对自己完全肯定，即使拥有金钱和地位，也没有办法得到真正的快乐和满足。

人心中应该有一股神圣的力量，激励自己自由健康的发展。人应该胸怀壮志、力争完善自我，而不是只顾挣钱、满足于财富的积累。

不管一个人多么贫穷，只要他在不断进步，即便是缓慢的进步，生活也是健康向上，充满希望的。但是，一旦他不再进步了，不再向更高、更深、更强的方向发展，生活就会变得死气沉沉、平庸至极。

永远不要承认失败和贫穷，坚信你神圣的权利，昂起头，勇敢地面对世界。无论遇到任何困难，都要坚定向前。

如果自己都怀疑自己的能力，那么就没有人会信任你。要坚信自己生来就是为了成就大事而来的。要发挥你所有的才能，激发你所有的潜力，去承担重大的责任。

哈佛人生箴言

自信是人生不竭的动力，它能帮你战胜自卑和恐惧。你必须肯定自我、相信自己一定会成就大事，并且勇敢地去做了，自然会走向成功。

第3讲　坚信自己的人一定是强者

一定要相信自己，只要努力，别人能做到的事，自己也能做到；别人做不到的事，自己加倍努力也定能做到。一个人要想成功就必须坚信自己并不比别人差，自己也可以成为强者。

如果一个人连自己都不相信，还能指望别人相信吗？要相信自己一定能行。具有强烈自信心的人，能够承受各种考验、挫折和失败，这种自信心会使我们受用一生。

“日复一日，我会在各方面干得越来越好。”这是法国心理疗法专家埃米尔•库埃的名言。在20世纪20年代的英国和美国，这句话被成千上万的英国人反复念叨。当时，这是人们每天必不可少的事情。爱默生说：“自信是成功的第一秘诀。”自信能够产生一种巨大的力量，它的确能推动我们走向成功。

美国学者查尔斯12岁时，在一个细雨霏霏的星期天下午，在纸上胡乱画，画了一幅菲力猫，它是大家所喜欢的喜剧连环漫画上的角色。他把自己的画拿给了父亲看。当时这样做有点鲁莽，因为每到星期天下午，父亲就拿着一大堆阅读材料和一袋无花果独自躲到他们家所谓的客厅里，关上门去忙他的事。他不喜欢有人打扰。

但这个星期天下午，他却把报纸放到一边，仔细地看着这幅画。“棒极了，查克，这画是你徒手画的吗？”“是的。”父亲认真打量着画，点着头表示赞赏，查尔斯在一边激动得全身发抖。父亲几乎从没说过表扬的话，很少鼓励他们五兄妹。他把画还给查尔斯，重新拿起他的报纸。“在绘画上你很有天赋，坚持下去！”从那天起，查尔斯看见什么就画什么，把练习本都画满了，对老师所教的东西毫不在乎。

父亲离家后，查尔斯只有自己想办法过日子，并时常给他寄去一些认为能吸引他的素描画并眼巴巴地等着他的回信。父亲很少写信，但当他回信时，其中的任何表扬话都会让查尔斯兴奋几个星期，他相信自己将来一定会有所成就。

在经济大萧条那段最困难时期，父亲去世了，除了福利金，查尔斯没有别的经济收入，他17岁时只好离开学校。受到父亲留给他的话语鼓励，画了三幅画，画的都是多伦多枫乐曲棍球队里声名大噪的“少年队员”琼·普里穆和哈尔维、“二流球手”杰克逊和查克·康纳彻，并且在没有约定的情况下把画交给了当时《多伦多环球邮政报》的体育编辑迈克·洛登。第二天，迈克·洛登便雇用了查尔斯。在以后的四年里，查尔斯每天都给《环球邮报》体育版画上一幅画。那是查尔斯的第一份工作。

美国作家查尔斯到了55岁时还没写过小说，也不打算这样做。在向一个国际财团申请电缆电视网执照时他才有了这样的想法。当时，一个在管理部门的朋友打电话来，说他的申请可能被拒绝，查尔斯突然面临着这样一个问题：“我今后怎么办？”查阅了一些卷宗后，查尔斯偶尔为自己写下备忘录，其中是十几句字体潦草的句子，写下了一部电影的基本情节。他在办公室里静静地坐了一会儿，思索着是否该把这项工作继续下去，最后拿起话筒，给他的朋友、小说家阿瑟·黑利挂了个电话。

“阿瑟，”查尔斯说，“我有一个自认为不寻常的想法，我准备把它写成电影。我怎样才能把它交到某个经纪人或制片商或任何能使它拍成电影的人手里？”“查尔斯，那条路子成功的机会几乎等于零。即使你找到某人采用你的想法并把它变为现实，我猜想你的这个故事梗概所得的报酬也不会很大。你确信那真是个不同寻常的想法吗？”“是的。”“那么，如果你确信，哦，提醒你，你一定要确信，为它押上一年时间的赌注。把它写成小说，如果你能做到这一点，你会从小说中得到收入，如果很成功，你就能把它卖给制片商，得到更多的钱，这是故事梗概远远不能做到的。”查尔斯放下话筒，漫步走了好长一段路：“我有写小说的天赋和耐心吗?”当他这样沉思时，他感到他越来越有信心办成。他看见自己在进行调查、安排情节、描写人物、开始撰写，然后润色……他要为它赌上一年时间。

一年零三个月后小说完成了，它在加拿大的麦克莱兰和斯图尔特公司得到出版，在美国的西蒙公司、舒斯特和艾玛袖珍图书公司得到出版，在大不列颠、意大利、荷兰、日本和阿根廷得到出版。结果，它被拍成电影——《绑架总统》，由威廉·沙特纳、哈尔·霍尔布鲁克、阿瓦·加德纳和凡·约翰逊主演。此后，查尔斯写了五部小说，成为名副其实的小说家。

假如您有自信，您就会获得比您梦想的要多得多的成功。

1926年，毕业于东京大学法律系的大村文年进入“三菱矿业”成为一名小职员。当公司为新人举行欢迎会时，他对那些与他同时进入公司的同事说：“我将来一定要成为这家公司的总经理。”

他在豪言壮语之后，开始了他的长远计划。凭其旺盛的斗志与惊人的体力，数十年如一日，孜孜不倦地工作，如今当然远远超过众多资深的干部与同事，在毫无派系背景之下，完全凭借自己实力，冲破险境，终于在三十五年之后当上“三菱矿业”的总经理。

以三菱财阀的历史而言，未到60岁就成为直系公司的总经理，可以说是史无前例的。他的就职惊动了日本工商界人士，人们内心无不惊讶，并深感佩服。

无独有偶，在1949年，一位24岁的年轻人，充满自信地走进美国通用汽车公司，应聘做会计工作，他只是为了父亲曾说过的“通用汽车公司是一家经营良好的公司”，并建议他去看一看。

在应试时，他的自信使得助理会计检察官印象十分深刻。当时只有一个空缺，而应试员告诉他，那个职位十分艰苦难当，一个新手可能很难应付得来，但他当时只有一个念头，即进入通用汽车公司，展现他足以胜任的能力与超人的规划能力。

当应试员在雇佣这位年轻人之后，曾对他的秘书说过，“我刚刚雇佣一个想成为通用汽车公司董事长的人！”

这位年轻人就是在1981年出任通用汽车董事长的罗杰·史密斯。

罗杰刚进公司时所交的第一位朋友阿特·韦斯特回忆说：“合作的一个月中，罗杰正经地告诉我，他将来要成为通用的总裁。”高度的自信，指示他要永远朝成功迈进，也是引导他经由财务阶梯登上董事长职位的法宝。

任何人都不可能一生下来就是强者，但是任何正常人都有可能成为强者。因此，我们一定要相信自己一定能行，并为自己的目标努力奋斗。

哈佛人生箴言

人们在每天规定的时间内重复这句话，每当头脑中闪现这一想法时也重复这句话，他们相信这样做能够增强自信，为事业和生活的成功做准备。

第4讲　有一种成功叫相信自己

信心是一种最坚强的内在力量，它能够帮助你度过最艰难困苦的时期，直到曙光最终出现。信心从未令人失望，我们之所以受挫是因为失去信心。信心决定成败，有信心是最实用的成功经验。

耶稣基督也说过：“走你自己的路，然后事情会和你相信的一样。”居里夫人有句名言：“我们应该有恒心，尤其要有自信心！”人生中的坚忍、进取、勇敢、耐心、恒心等许多品质都源于自信，只有非常的自信，才能活出不一样的人生。对任何一个人而言，信心是开启成功的钥匙。

露皮塔是美籍墨西哥人，从小智力很差，被列入反应迟钝者之列，后来又不得不伤心地退学了。她16岁就结婚了，不久生了两男一女。因为自己不是一个聪明的妈妈，她的孩子被看成是低能者，更可怕的是，孩子们也认为自己就是个低能者——这使她难以接受。

于是，露皮塔决心从自己求学做起，自己帮助孩子！

“你的履历表明，你反应迟钝，可能是智力有问题，我不能推荐你上学。”学校大都这样回答她。

最后，她在孩子所在学校的校长建议下，她来到克萨斯南方学院，在她的强烈要求下，学院答应她先试一年，并说如果考试不及格就得走。

就这样，露皮塔上学了。家里人虽然赞许她的追求，但只是以为要不了多久她就会离开学校，重新回到家里。

在学校里，露皮塔惊奇地发现：自己的能力不比别人差，为什么不能有一个大学学位呢？她相信自己一定可以取得这个学位。于是，她在南方学院学习的同时，又进了潘·美洲大学学习。在她的努力下。3年后，她不仅取得了学院学位，还以优异的成绩取得了潘·美洲大学的管理学士学位。

一般美籍墨西哥母亲都不上大学，孩子们发现母亲如此的与众不同，自信心也随着增强，觉得自己也不是那么差了。在母亲的鼓励下，他们的能力有所发展，学习成绩一天天地提高。

随着不断地自我提高，1971年，露皮塔当上了豪斯登大学发起的墨西哥美国文化研究会的理事。1977年，她取得博士学位，接受了颇具威望的美国教育委员会的会员资格。1981年，她又被豪斯登大学的教务长助理。后来，里根总统任命她到全美司法顾问委员会研究所工作。接着，她又获得了各类荣誉：豪斯登大学授予她杰出教学奖，墨西哥瓜达拉哈拉自治大学授予她杰出教育家奖等。

看到自己的母亲如此出色，露皮塔的孩子们也从被视为低能的阴影中走了出来，学习也好起来了。后来，她的三个孩子都小有成就，她的长子马里欧成了一名内科医生，次子维克多是位律师，女儿玛莎在攻读法律。马里欧说：“假如说我们有所作为，那是因为我们的母亲给了我们爱抚、自信和支持，使我们能够有所作为。”

成功人士虽然有着不同的出身，从事不同的职业，具有不同的经历等诸多不同，但有一点是共同的：他们对自己都充满信心，因此他们总是保持着自爱、自强、自主和自立。所以喜剧大师卓别林说：“人必须有自信，这是成功的秘密。无论要面对什么样的未来我们都需要对自己充满信心，只有这样才能让人不断地发挥出自己的聪明才智。在对本身有了信心之后，才有创造未来的可能。”可以说，自信是人生中一柄最锋刃的利器，是获得成功的重要基石。

哈佛人生箴言

自信是走向成功的起点，因为自信的人能积极地参加各种活动，主动地与人交往，勇敢地面对困难，较快地适应环境，大胆地尝试新事物。

第5讲　把自己适当看高一点

很多时候，一个人能不能成功取决于他如何看待自己。因为人们通常会按照自己的能力给自己匹配相应的目标和承担相应的工作，当他们遇见一个超出自己能力的工作时，往往会选择回避，很多人因此丧失了成功的机会。

苏格拉底知道自己时日不多了，想让他的一个看起来很不错的助手作为他的继承者。

他把自己最得意的一个助手叫到床前，说：“我的蜡就要熄灭了，得找另一根蜡接着点下去，明白我的意思吗？”

“明白，”那位助手说：“您的思想一定要传承下去。”

“可是，”苏格拉底说：“你帮我寻找一位吧，他不但要有足够的智慧，还必须有信心和勇气，”

“我这就去寻找。”

于是，那位助手开始不辞辛劳地四处寻找继承者。可他找来的人都被苏格拉底否决了。一天，当助手再次无功而返时，苏格拉底对他说：“真是辛苦你了，其实，你找来的那些人都不如……”

“我一定继续寻找，”助手满怀歉疚地小声说，“就算找遍世界，也要把最优秀的人找出来。”

苏格拉底摇了摇头，不再说话。

半年之后，苏格拉底已经奄奄一息了，但人选还是没有眉目。助手难过地说：“我真对不起您，太让你您失望了！”

“我的确很失望，但对不起的却是你自己。”苏格拉底说：“本来，你就是最优秀的、但你不敢相信自己，才至于把自己给忽略了。”

一代哲人就这样带着遗憾离开了世界。

因为对自己的忽略，才让助手错过了继承哲人衣钵的大好机会。生活也是这样，有些人会因为对自己的忽略而错过成功的机会。所以，为了避免有这样的缺憾，不妨高看自己一点，保持该有的自信，这样才不至于让成功的机会从手中溜走。面对好的事物，我们不要胆怯，不要自卑，要充满激情和动力，这样才能寻找到属于自己的宝藏。

汤姆是个孤儿，从小在福利院长大，他身材矮小，没有漂亮的外表，口齿也不是很清楚，所以，他一直从心底里看不起自己。在他心里，自己是一个又笨又丑的乡巴佬。他没有信心去任何一家公司应聘工作。

现在汤姆已经30岁了，可是他还是一无所有。想想自己的未来，觉得一片黑暗，他想早早结束自己的生命。

就在汤姆在生死之间徘徊之际，他的好朋友亨利跑过来告诉他：“我给你带来了一个好消息，汤姆。”

“好消息从来就不属于我。”汤姆一脸茫然地说。

“不，汤姆，这个消息和你有关。有人说，拿破仑曾经有个孙子，但在一个意外中丢失了，根据人们的描述，他的孙子跟你很相像。我敢肯定，你就是拿破仑丢失的孙子。”亨利兴奋地说。

汤姆听了，一下子激动起来：“我真的是拿破仑的孙子……”汤姆的脑海中浮现出身材矮小的爷爷发号军令和在战场上指挥着千军万马的情境，顿时觉得自己矮小的身材也充满了力量——从这一刻起，他觉的自己不是一个凡人了。

第二天一大早，汤姆满怀信心，用拿破仑孙子的姿态昂首挺胸地走进一家大公司应聘，他很顺利地通过了面试，成为了公司一员。20年后，汤姆居然成为了这家大公司的总裁。

把自己适当看高一点，这就是成功的智慧。当你走到人前时，昂首挺胸总是要比低眉顺眼好。试问，一个人若是自己都看不起自己，别人怎么会看得起他呢？其实在这个世界上没有什么事情是不能办成的，没有什么结果是不能改变的，只要你对自己有信心，事情往往就成功了一半。只有满怀自信的人，才能在任何地方都把自信沉浸在生活中，并实现自己的意愿。在前进的道路上，有时差的就是那自信的一步，前进一步便是不一样的人生。

哈佛人生箴言

无论你的内心感觉如何，你都要摆出赢家的姿态，就算你真的落后了，如果摆脱了自卑的神色，胸有成竹，会让你在心理上占有优势，而终有所成。

第6讲　对自己说“我是第一！”

那些成就伟大事业的卓越人物有这样的特质：他们在做事之前，总是充分信任自己能力，坚信所从事的事业必能成功。在做事时，他们会拿出全部的精力去排除一切艰难险阻，直到获得成功。

在生活中，我们经常看到有些能力并不十分突出的人却成功了，而我们自己的境况反不如他们，甚至于一败涂地。有些人因此认为有某种神秘的命运在帮这样的成功者，而在我们身上有某种东西总是在遏制我们成功。但是，实际上却是我们自身出了问题，是不自信把自己打败了而已。所以，无论别人如何贬低你的能力，你绝不能容许自己怀疑能成就一番事业的能力，你绝不能对自己能否成为杰出人物心存疑虑。所以，要尽可能地增强你的信心，这样，你就会成为一个与众不同的人。

基安勒是美国最著名的推销大师之一，他曾一度改写了推销史上的吉尼斯世界纪录。

基安勒随父母移居到美国，在当时的美国，像他们这样贫穷的移民地位低下，根本得不到应有的尊重。基安勒时常遭受其他孩子的欺负，因此，痛苦和自卑的情绪一直笼罩着他。

有一天，他忍不住大声质问父亲：“为什么我们会这么穷？”

父亲则对他说：“这就是命呀孩子，我们这一辈子能这样就很不错了。”

父亲的话让他很沮丧，他不知道自己的出路在哪，他因此陷入了深深地苦闷之中。

幸运的是，母亲看到他天天无精打采的样子，就鼓励他说：“基安勒，你要永远记住，你在我的心里是第一，没人能比不上你；在这个世界上，你更是独一无二的。”母亲的话让基安勒看到了自己在世界的位置——独一无二的，从此，他认定自己就是第一，没人比得上他。

第一次去应聘时，基安勒没有准备自己的名片或者简历，而是装了一张扑克——黑桃A。在很多地方，黑桃A代表了最大和最强。

当面试他的老板收到这张扑克的时候，直盯着他的眼睛问他：“你怎么给我一张黑桃A？”

“没错。因为我就是黑桃A！”他坚定地说。

“你为什么就是黑桃A？”老板问。

“因为黑桃A代表第一，而我刚好是第一。”基安勒自信地说。

老总笑了。他被录用了。

后来，基安勒成功了，而且是真正的世界第一。他一年推销1425辆车，创造了吉尼斯纪录。

有人说，基安勒能够从一个默默无闻的穷小子一跃而为推销大师，秘诀就在于他每天都会告诉自己说：“我是第一，我是第一。”长期的这种鼓舞性的暗示坚定了他的信念和勇气。他的个性由此得到强化，并逐步成熟起来。自信贯穿于他的事业，奠定了他成功的基础。

生活中，假如有人带有藐视性地问你：“你算第一？”你该怎样回答？如果你渴望自己的人生与众不同，就应该果断地回答：“当然是第一！”多对自己说“我是第一！”能让我们活得更有底气，更有动力。我们人人都渴望成为第一，不管能否成为现实，至少要在意识里播种争第一的信心。这样，我们的个性才会真正成熟起来，我们的能力才能得到最大限度的发挥。

哈佛人生箴言

成功者从不指望依靠别人的帮助，他们相信通过自己的努力一定能有所作为。所以，要尽可能地增强你的信心，这样，你就会成为一个与众不同的人。

第7讲 自信是一种无形的资产

一个人在做事之前，可以大喊50遍“我成功，因为我自信”，这样就可以获得动力。每个经历挫折后取得成功的强者都有一个共同的体会，信心产生力量，只要相信自己，即使追求的目标如移山倒海，终有成功的一天。

信心是一种最坚强的内在力量，它能够帮助你渡过最艰难困苦的时期，直到曙光最终出现。信心从未令人失望，他会使人发现自身的价值和潜能，取得成功。

任何一个成大事者都是绝对自信的，而那些碌碌无为的人，只要偶尔遇到一点挫折，他们就会心灰意冷，一蹶不振。失败的人之所以失败，就是因为他们自己不相信自己。

有一个墨西哥女人和丈夫、孩子一起移民美国，当他们抵达德州边界艾尔巴索城的时候，她丈夫不告而别，离她而去，留下她束手无策地面对两个嗷嗷待哺的孩子。22岁的她带着孩子，饥寒交迫。虽然口袋里只剩下几块钱，还是毅然地买下车票前往加州。在一家墨西哥餐馆里打工，从大半夜做到早晨6点钟，收入只有区区几块钱。然而她省吃俭用，努力储蓄，她要将每一角钱都存下来。去实现自己的梦想，自己开一家墨西哥小吃店，专卖墨西哥肉饼。

有一天，她拿着辛苦攒下来的一笔钱，跑到银行向经理申请贷款，她说："我想买下一间房间，经营墨西哥小吃。如果你肯借给我几千块钱，那么我的愿望就能够实现。"

一个陌生的外地女人，没有财产抵押，没有担保人，她自己也不知能否成功。但是幸运的是，银行家佩服她的胆识，决定冒险资助。

她25岁起经营自己的墨西哥肉饼，经过15年的努力，这间小吃店扩展成为全美最大的墨西哥食品批发店。这个女人就是拉梦娜·巴努宜洛斯，她后来担任过美国财政部长。

这是一份自信带来的成功。自信使她白手起家寻求生路；自信使她有了胆量；自信也给她带来了聪明和智慧。任何人都会成功，只要你肯定自己、相信自己一定会成功，那么你将如愿以偿。

自信与胆量密切相关，自信可以生出胆量，同样，胆量也可以生出自信，而缺乏胆量或过分的自我批判就会削弱自信，包括一些伟大的科学家在内。

犹太物理学家埃伦菲斯特具有非凡的评价和批判能力，因此一些伟大的物理学家常常乐意征求他的意见，他还常常应邀出席科学会议，但是他也把这种严峻的批判用在自己身上。

这种过分的自我批判倾向扼杀了这位科学家的才华，使其丧失了创造才能。结果，他的思想产物还没有问世，这种过分挑剔的批判就夺走了他对它们的爱，埃伦菲斯特最后竟厌世自杀了。

这些事例都从反面证明了没有自信就没有胆量，没有胆量就会磨灭想象力和独创精神。所以，缺乏自信是创造和智慧的最危险的敌人。

弗洛伊德认为：人，生来就有"做伟人"的欲望。"做伟人"其实就是"成功"的集中表现。在这一理论提出之后，一些心理学家经过认真研究，也得出了一个相似的结论：不论民族、文化、历史、家庭、性别、年龄；人，天生就有爱受赞美、喜受尊重的强烈愿望和倾向。

美国总统罗斯福是个残疾人，那他是个强者还是弱者呢？1962年，美国历史学会组织美历史学家投票，选出了五位最伟大的总统，富兰克林·德拉诺·罗斯福排名第三，仅居于亚伯拉罕·林肯和乔治·华盛顿之后，成为美国历史上唯一一位连任四届、主持白宫时间最长的总统。

罗斯福被公认为世界历史上能够扭转乾坤的巨人之一。关于他的国内政绩，关于他在世界历史上曾经发挥的作用。另一位伟人温斯顿·丘吉尔说：罗斯福是对世界历史影响最大的一位美国人。

最近几十年间，由于美国国力的强盛和在国际事务中扮演的重要角色，数任美国总统或多或少地要以“世界总统”自居，可以说，如果没有罗斯福，他们就不可能获得这样的自信。而罗斯福的这种自信却具有不同寻常的意义。

如果没有这种自信，很难想象他会在39岁患上脊髓灰质炎之后，凭着顽强的毅力积极配合治疗，终得幸免于全身瘫痪；更难想象他后来敢于拄着双拐或坐着轮椅出现在1932年总统竞选的讲坛上，并成为美国历史上唯一一位身罹残疾的总统。

自信在罗斯福一生的成长和事业中起到了重要作用，在他第一次就职演说中，针对当时美国社会的经济“大萧条”情景说：“首先让我们表明自己的坚定信念：唯一值得恐惧的东西就是不可名状的、未经思考、毫无根据的恐惧，使得转退为进所需的努力陷于瘫痪的恐惧。”

纵观罗斯福一生，我们可以肯定地说，他虽然身罹残疾，但在迄今为止所有的美国总统中，远不是每一位都像他那样具有一颗如此健康的心灵。

自信给了强者勇气、力量和智慧，敢于做别人不敢做甚至不敢想的事，自信可以使一个坐在轮椅上的残疾人与健康的同龄人并驾齐驱并超越健康人自信可以使人有骨气、挺起腰杆做人，面对强大的敌人毫无惧色，并使敌人胆怯。拥有自信，是成功必备的素质，也是一生中最宝贵的财富。

哈佛人生箴言

一个人除非自己有信心，否则不能带给别人信心，自己信服的人，方能让别人信服。

第05课

伊莱恩·凯玛克教授关于“幸福”的讲座

——哈佛追寻的快乐法门

当下有人以为,不快乐是因为口袋里没有“银子”;不快乐是因为在社会上没有“位子”;不快乐是因为没房子和车子……。但伊莱恩•凯玛克认为,快乐与财富、地位和物质无关。那么,伊莱恩•凯玛克教授会交给我们什么样的快乐秘笈呢?

伊莱恩·凯玛克,美国哈佛大学经济学教授、国际货币基金组织(IMF)前首席经济学家。1953年3月22日生于美国纽约罗切斯特,父母分别是放射线研究院和图书管理员,是“真正的自由派父母”,他在那里上了一所“艰苦的平民学校”,父母之所以将他送到这里,是因为可以接触到各种社会经济层次的学生。

2001年,他被国际货币基金组织任命为其首席经济学家,2003年与卡门·莱因哈特合著《这次与众不同》。曾经在2008年时成功预言美国大银行的破产。

第1讲　聪明的人不为明天忧虑

威廉·奥兹勒爵士是他那个时代最著名的医学家，他创建了全球知名的霍普金斯医学院，被哈佛大学聘为客座教授。他死后，他在哈佛大学的经历被哈佛大学图书馆整理成了厚厚的两本书。对于这样一位成功人士，似乎应该具有“特殊的头脑”，其实不然，他说他的头脑普普通通。他在读书的时候，也像所有的人一样，整天发愁：怎样才能通过期末考试?毕业后该做些什么事情?怎样才能谋生?……然而，幸运的是他在一本书看到了一句话，让他无忧无虑地度过了一生，这句话就是：每天最重要的事情不是去想模糊的明天，而是去做手边清楚的事情。

一个哈佛学生曾问起他成功的秘诀时，他认为这是因为他只活在今天的方格中。他这句话是什么意思呢?

奥兹勒爵士用轮船作比喻解释这件事，他说所有的人的结构都比大海轮要复杂得多，走的航程也遥远得多，只有活在一个完全独立的今天中，才能确保安全。在轮船的驾驶室中，人们会发现那些大隔断都有自己的作用。按下一个按钮，就会有一扇铁门将船舱隔断——隔断那些已逝去的昨天，再按下一个按钮，就会出现另一扇铁门，隔断那尚未诞生的明天。这时，你就生活在完全独立的今天里了。切断过去，切断那些让人走入歧途的昨天；把未来关在门外，未来就在今天，从来不存在明天。精力的浪费、精神的苦闷，会紧紧纠缠那些为明天担忧的人。每个人要养成一个好的习惯，那就是生活在完全独立的今天里。

当然，奥兹勒爵士并不是要人们不用下工夫为明天做准备，他是说，集中所有的智慧、所有的热忱，把今天的工作做得尽善尽美，就是迎接未来的最好方法。

第二次世界大战时，军事领袖们为明天做准备，但是他们忙得没时间担心。“我已派出了最优秀的人员与最精良的配备，”海军上将金恩说，“也指派给了他们最明智的任务，这是所有我能做的了。”

金恩上将又说：“如果船舰沉了，我不能捞起它；如果它注定要沉，我也不能阻止它。我得善用时间解决今天的问题，不是昨天的。再说，如果我为这些事操心，那我一定活不长。”

无论战时或平时，思想优劣的差异在于：好的思想处理方法和后果可以导致逻辑和建设性的计划，而坏的思想却常导致压力与精神崩溃。

看看目前医院内有一半以上的病人，是因为精神心理问题引起的疾病，他们被昨日的负担与对明日的恐惧压得透不过气来。其实大部分的人根本不必住院，应该过着快乐而有意义的生活，只要他们真正相信耶稣的话：“不要担忧明天。”或是奥斯勒爵士说的：“活在今天的方格中。”

沃尔芙太太就因为没有体会到这一点，陷入绝望，几乎自杀。

沃尔芙太太生活在密西西州，1937年，她的丈夫去世了，突如其来的痛苦打乱了她的生活，她感到极度的颓丧。然而她却必须独立面对生活的压力，她必须马上去找一份工作，来缓减家庭经济危机。为了给丈夫治病，家中已变卖了一切值钱的东西。她给她过去的老板写了一封信，希望让她回去做过去的工作。沃尔芙太太以前是推销百科全书的。

老板同意了她的请求。为了重新工作，沃尔芙东拼西凑地找钱，分期付款买了一部旧车，开始出去卖书。本来她以为重新工作可以让她从痛苦中慢慢解脱出来。可是，一个人外出、一个人吃饭的生活却让她实在无法忍受。加上工作也不是很顺利，每月还要偿还分期付款的车钱，沃尔芙觉得自己快要被拖垮了。

沃尔芙太太既孤独又沮丧，对生活渐渐失去了信心。每天早上从睁开眼的一刻开始，她就开始担心：担心不能按时付车钱、交不出房租、没有食物可以吃、怕身体突然生病……她有时候甚至想一死了之，惟一没让她自杀的原因是：她怕让姐姐因为她的死而悲伤，而且她的姐姐也没有足够的钱来支付她的丧葬费用。

沃尔芙太太在痛苦的煎熬中痛苦地活着。直到有一天，她偶尔看到的一篇文章让她重新振作了起来。沃尔芙太太一辈子都不会也不可能忘记那句让她振作的话：对每个人来说，每一天都是一个新的生命。沃尔芙太太发现每次只活一天并不困难。她学会了忘掉过去，也不想将来。她把这句话打印了下来，贴在房门的镜子和汽车的挡风玻璃上，以便让它时刻提醒着她：今天又是一个新的生命。

沃尔芙太太终于度过了那段沮丧生活带给她的困扰。现在她每天都能很高兴地生活，工作也有了起色，她觉得生命中充满了阳光和快乐。她坚信以后不论遇到什么困难，都能有足够的勇气去面对，而不会再害怕。

人都站在过去与未来永恒的交会点上，我们不可能活在过去与未来任何一种永恒中——即使一瞬间也不可能。但是如果你勉强要这样，只会摧折身心。所以，哈佛人很推崇美国政治家史蒂文森说说的这句话："如果只是一天，不论多难的工作，人都能努力完成，如果只是一天，任何人都能活得快乐、有耐心、仁慈与纯洁。其实这些也就是生命的真谛。"

有人说："人们常为昨天与明天的面包涂果酱，却总忘了为今天的面包涂抹。"我们大多数人都是这样，总忘了为今天的面包涂上厚厚的果酱。

哈佛人生箴言

我们所有的人都拖延着不去积极地投入生活。我们向往着天边有一座奇妙的玫瑰园，却不注意欣赏今天就开放在我们窗口的玫瑰。我们总是不能及早领悟：生命就在生活里，就在每天的每时每刻中。

第2讲　给精神松绑，为心灵放风

哈佛大学曾经做过一项民意测验发现，贫困、失恋、失业、离异、丧偶、疾病等43种生活事件的变化会给人们造成心理压力，这种压力会成为一个人成功的阻碍。而洛克菲勒、卡耐基等人对这些压力具有超强的抵抗力，所以他们成功了。

面对生活的压力，怎么才能不让压力毁了自己呢？我们应该看到，很多的失意和无奈，往往不是由我们所处的外部环境决定的，而是产生于我们的心灵。心灵的禁锢，心灵的退缩，迷惑了我们的思想、瓦解了我们的信念、阻碍了我们前进的方向。所以，只有拆除心灵的墙垣，解除心灵的桎梏，让心灵自由飞翔，才能让我们一生激情飞扬。

有一次，科学巨匠霍金来哈佛时，一个学生不禁悲悯地问："霍金先生，病魔将你永远地留在轮椅上，你不认为生活对你不公平，让你失去太多自由了吗？"面对如此尖锐的问题，霍金脸上依旧保持着平静，他用不太灵活的手指艰难地叩击键盘，于是屏幕上出现了这样一段文字：我的眼睛还能看得见、我的大脑还能思考、我的理想还没有破灭，我还有许多爱我的亲人和朋友，对了，最重要的是，我有一颗自由的心灵。

在人生的考验和苦难面前，霍金不但没有将自己的心灵囚禁在痛苦中，反而为自己搭建了一座美丽的心灵城堡，在这座城堡里，没有悲伤、也没有哀怨，更多的是心灵的自由。也正是因为适时地放飞心灵，才让霍金的人生不会因为身体的残疾而变得平庸！

如果一个人总是将生活的不愉快放在心里，耿耿于怀，那么他的心灵就会反过来折磨自己，让自己身心俱疲。所以，永远不要让自己的心灵被世事纷扰缠裹，真正的成功需要让心灵绝对自由。

南非前总统曼德拉曾经历过长达二十七年的监狱生活。后来，在他总统就职的典礼上，他将曾经在监狱时看守过自己的三名狱警邀请到现场，并向他们致敬。听说这三名狱警曾经非常无理地虐待过他，这足以见得这位伟大的总统有一颗多么宽广的心。在大家不解的目光中，曼德拉这样说道："当我走出监狱的大门，看着天空自由绽放的阳光时，我很清楚，如果自己不能将曾经的悲痛与怨恨关在心门之外，那么我会重新回到心灵的牢狱中。当然，我也不会有今天。"

是呀，如果一个人已能摆脱心灵的困惑和痛苦，就算是上帝给予你再多的帮助，你还是无法获得成功，就算人身是自由的，心却还在地狱中煎熬。所以，自己才是自己心灵的主人，在这一点上，曼德拉远比我们普通人站得更高、看得更远，这也是他能成为总统的原因。

现代生活，许多人在繁杂的工作中，迷失了心灵的宁静，为了理想，为了生活，宁愿活在没有自由的世事牵绊中。但是我们有没有问过自己，是否我们真的甘愿在心灵的监牢里度过一生呢？是否只有当满头华发时，我们才来思考自己的成功呢？你又为何不给自己的心灵松松绑，不让自己的身心轻松愉悦呢？

哈佛人生箴言

使自己多多活动以保持自己的健康状态，生理上的疾病很容易造成心理的失调，你的身体和你的思想一样保持活力，以维持成功的行动。

第3讲　学会为他人创造快乐

二十世纪美国最杰出的无神论者——西多•德莱特，他把所有的宗教都看成是神话。人生只是一个傻瓜说出的故事，没有任何意义，但是他却遵循着他眼中的“傻瓜”——耶稣所讲的一个道理——帮助他人。德莱特说：“如果每个人想在漫长的人生中享受快乐，就不能只想到自己，而应为他人着想，因为快乐来自于你为别人，别人为你。”

西雅图的卢勃博士已很多年没下床走一步了，但西雅图一家报社的记者斯尔特·郭斯却高度评价他：最无私的人。

一位常年卧床的人是怎样化解自己的烦恼，成了一个无私的人的呢?答案就是，他一直遵循着“为他人服务”，并努力去实践它。

他收集了全国各地瘫痪病人的通讯地址，给他们发出了一封封充满鼓励、洋溢着关心的信件，激励他们勇敢地与病魔作斗争。他把这些病人联合起来，组成了一个瘫痪者联谊俱乐部，让大家相互写信鼓励。

他每年要在床上发出一千四百封信，给成千上万的病人带来了快乐和笑声。

卢勃博士与其他瘫痪在床的病人最大的不同之处在于他深切体会到真正的快乐，是在帮助他人当中获得的。萧伯纳说过：“一个以自我为中心的人，一天到晚都在抱怨别人不能使他开心。”只有乐于助人，为他人带来笑声，那么你才能真正的快乐。

琳娜太太喜欢写小说，然而她写的任何一部小说都没有她自己的故事精彩。

故事发生在“珍珠港事件”当天的早晨。琳娜太太患心脏病已经一年多了，这一年多来，她每天都要在床上躺二十二小时。在这一年中，她所走过的最长的一段路，就是在女佣的搀扶下从卧室走到花园里去晒太阳。

琳娜当时以为这一辈子就这样完了，如果不是那些日本人来炸珍珠港，她也不可能重新开始新的生活。

日本人偷袭珍珠港时，有一颗炸弹就扔在了她家花园里，炸弹的震波把琳娜太太从床上震得掉在了地上。军方的卡车到基地附近把战士们的妻儿接到学校中，他们打电话通知那些家中有多余房间的人，要求他们收容这些人。他们知道琳娜太太床边也有一个电话，于是请求她帮他们记录所有的资料。于是琳娜太太仔细地记下了那些海军的妻儿都被送到了什么地方，然后红十字会让那些士兵打电话给她，问他们家人的情况。

很快琳娜太太知道了丈夫平安的消息，于是她尽量想法安慰那些不知道她们先生已阵亡的太太们，也安慰那些寡妇们——好多太太已知道失去了丈夫。刚开始的时候，她是躺在床上做这一切的，不知不觉中，她坐了起来。最后，她忙得忘记了自己，下床坐到了桌边。从那以后，她除了每天像正常人一样在床上睡八个小时以外，其余的时间她都是在地上度过的。

如果不是那场战争，琳娜太太后半生都将会在床上度过。珍珠港事件是美国历史上的一大悲剧，但对于她个人来说，却是一件好事，它改变了她后半生的生活，让她发现了她拥有的力量。它使琳娜太太把注意力转移到其他人身上，去关心他人。这也给了她一个生活下去的重要理由，她再也没有时间去想自己，或是为自己担忧。

那些求助于心理医生的人们，如果都能像琳娜太太那样做，去关心别人，三分之一的人都能自己治愈自己。这是著名的心理学家卡尔•莱克说的。他曾经说过，在他的病人之中，大约有三分之一的人在生理上都找不到任何病因。他们只是因生活空虚，找不到生活的意义所致。

换个方式说，他们一生只想搭个顺风车——而步行的队伍就在他们身边经过。于是他们带着自怜、无聊与无用的人生去找心理医师。赶不上一班渡轮，他们会站在码头上，责怪所有的人，除了他自己，他们要求全世界满足他们自我中心的欲求。

你现在可能会说："这些事也不怎么样，如果圣诞夜遇到孤儿，我也会关心他们，如果我碰到珍珠港事件，我也会很高兴做叶慈太太所做的事，可是我的状况跟人家不同，我的日子再平凡也没有了。我一天得做八小时无聊的工作，从来没有任何有趣的事发生在我身上。我怎么会有兴趣去帮助别人呢?我又干吗要帮助别人?那对我有什么好处呢?"

这个问题还算合理，我来试着回答。不管你的人生多么单调，你每天总不免要碰到一些人，你对他们如何?你只是视而不见，还是想多认识他一点儿?例如邮差——他一年要跑几十里路，为人们送信，你可曾费心了解他住哪儿?看看他妻女的照片？你关心过他是否疲倦或觉得无聊吗?杂货店小弟、送报生、擦鞋童呢?他们也都是人啊！他们也有烦恼、梦想、个人的野心啊!他们也想与别人交流，问题是你有没有给他们机会?你可曾对他们表示过热切真诚的兴趣?我谈的就是这一类的事。你用不着变成南丁格尔或社会改革者再去帮助这个世界——这个你个人的世界，你大可以从明早遇到的第一个人开始改变。

对你的好处?那当然是带来更大的快乐、更大的满足、更以自己为荣。亚里士多德把这种态度称之为“开化了的自私。”波斯宗教家左罗亚斯托(Zoroasler)说：“对别人好不是一种责任，它是一种享受，因为它能增进你的健康与快乐。”富兰克林说得更简单：“你对别人好的时候，也就是对自己最好的时候。”纽约心理服务中心主任林克(Henry CLink)曾说：“我认为，现代心理学最重要的一个发现就是，科学证明，为完成自我实现与得到快乐，自我牺牲与纪律都是必要的。”多想想别人不仅可使自己免于烦恼，也可以结交更多朋友、得到更多乐趣。

威廉·贝恩太太在纽约市中心开了一所秘书培训学校，她用这种方法，在让人不敢相信的时间内治好了她的忧郁症。

五年前的圣诞节时，贝恩太太沉陷在自怜与悲伤中。在长时间的快乐婚姻生活之后，她的丈夫离开了人世。在圣诞节来临时，满世界的快乐气氛让她更加悲伤。贝恩太太从小到现在还没有一个人单独过过圣诞节。有很多朋友都来邀请她和他们一起过圣诞，她怕她会触景伤情，破坏了节日的气氛，便一一回绝了他们。时间越临近，贝恩太太的伤感情绪愈浓。圣诞节那天，她一个人在下午三点钟离开了办公室，漫无目的地在大街上闲逛，希望自己的心情能变得好一些。街上挤满了欢乐的人群，这让贝恩太太不自觉地想起那些快乐的往事。她心头十分茫然，实在不敢回到那空荡荡的，没有人气的家中。漫无目的地走了一个多钟头，她发现自己走到了一个公共汽车站前，顺着人群，她上了车。不知过了多长时间，只听乘务员在耳边提醒她，该下车了。这时，她都不知道到了哪儿。四周很安静，这时，附近一座教堂里传来了优美的乐声，她循声走了过去，静静地坐在教友席上。教堂里灯火辉煌，圣诞树装饰得美轮美奂，不知不觉中，贝恩太太就睡着了。

醒来时，贝恩太太一时忘了身在何方，开始有点害怕。这时，她看见面前有两个小孩，显然他们是来看圣诞树的。其中一个小孩还以为她是圣诞老人带来的。贝恩太太突然醒来，把他们两个也吓了一跳。她冲他们笑了笑，他们的衣服很破旧。贝恩太太问他们的父母在哪儿?他们说自己没有父母了。这两个小孤儿的情况比她糟糕多了，她不禁为自己的忧虑和悲伤感到惭愧。她带着两个小孤儿到附近的商店买了一些小礼物送给他们。这时候，她发现自己的悲痛伤感一下子都没有了。这两个小孤儿让她几个月来第一次忘掉了自己。她要感谢上帝，让她的童年充满了欢乐，她得到了父母无私的爱与关怀。这两个孤儿带给她的远比她带给他们的更多。

这次经历让贝恩太太明白，要想让自己快乐，首先要给别人送去快乐。快乐是能够传染的，在付出的同时也有收获。如果你也希望自己获得更多的快乐，就请忘却自己，每天做一件能为他人创造快乐的事。

哈佛人生箴言

为别人做好事不是一种责任，而是一种快乐，因为这能增加你自己的健康和快乐。多为别人着想，不仅能使你不再为自己忧虑，也能帮助你结交很多的朋友。

第4讲　时常算算你的得意事

我们生活中大概百分之九十都进行得很顺利，只有百分之十是有问题的，如果我们想要快乐，只需集中注意力在那百分之九十的好事上，不去看那百分之十就可以了。

我们每天生活在美丽的童话王国里，但是，我们却看不见，感觉不到。为什么?

我认识哈罗·艾伯特好多年了，他以前是我的教务主任。有一天，他和我在堪萨斯城碰头，最后他开车送我到密苏里州贝尔城——我的农庄。路上，我问他是怎么得到快乐的，他告诉我一个我永远忘不了而且很有意思的故事：“我以前常为很多事情而忧虑，”艾伯特说，“可是，2010年春天的某一天，韦伯镇西道提街上的一幕景象使我以后永远不再感到忧虑。事情发生的前后只有10秒钟，可是在那10秒钟里，我学到的关于如何生活的事情，比他过去10年里所学到的还要多。”

哈罗·艾伯特在韦伯城开过两年的杂货店，在那两年里，他不单是赔光了所有的积蓄，而且还借了债，花了7年的时间才还清。艾伯特的杂货店刚开了一个礼拜就关了门，当时他正准备到工矿银行去借点钱，以便到堪萨斯城去找一份差事。艾伯特就像一个一败涂地的人那样在路上走着，完全丧失了斗志和信心。突然之间，看见迎面来了一个没有腿的人，坐在一个小小的木头平台上，下面装着从溜冰鞋上拆下来的轮子，两手各抓一片木头，撑着地让自己滑过街来。艾伯特看到那个人的时候，他们两人的眼光遇个正着。那个人对艾伯特咧嘴笑了一笑，并且对他说：“你早啊先生，早上天气真好，是不是?”艾伯特看着眼前的景象，突然发现自己是那么富有。他对自己说：那缺了两腿的人都能做到的事，当然我也能做到。他立刻觉得自己的胸膛已经挺了起来。本来只是想去向工矿银行借100美金的，可是现在他有勇气借200美金。本来他打算到堪萨斯城去试试看能否找份差事的，但是，他现在相信自己能够找到一份好工作。现在，我在浴室的镜子上贴着下面的这几句话，好让我每天早上刮胡子的时候能够读到：人家骑马我骑驴，回头看看推车汉，比上不足，比下有余。

生活赋予我们的事情，大概有90%都是对的，只有10%是错的。如果我们要快乐，我们所应该做的就是：集中精神在那90%对的事情上，而不要理会那10%的错误。如果我们想要担忧，想要难过，想要得胃溃疡，我们只要集中精神去想那10%的错事，而不管那90%的好事。

你和我，每一天，每小时，都能得到“快乐医生”的免费服务，只要我们能把注意力集中在我们所拥有的那么多令人难以置信的财富上——那些财富远超过阿里巴巴的珍宝。你愿意把你的两只眼睛卖1亿美金吗?你肯把你的两条腿卖多少钱呢?还有你的两只手、你的听觉、你的家庭?把你所有的资产加在一起，你就会发现你现在所拥有的一切绝不会就此卖掉，即使把洛克菲勒、福特和摩根3个家族所有的黄金都加在一起也不卖。

可是我们能否欣赏这些呢?啊，不能的。就像叔本华说的：“我们很少想我们已经拥有的，而总是想到我们所没有的。”世界上最大的悲剧在于，想像的痛苦可能比历史上所有的战争和疾病来得多。

约翰生曾说过：“能养成习惯看每件事最好的一面，真是千金不换的珍宝。”我得提醒各位，说这句话的人可不是职业性的乐观主义者，事实上，他二十几年来深受焦虑、饥饿、穷困之苦，终于蜕化成为当时最著名的作家与评论家。罗根•史密斯的一句话中包含了许多智慧：“人生有两项主要目标，第一，拥有你所向往的；然后，享受它们。只有最具智慧的人才能做到第二点。”

哈佛人生箴言

你和我应该感到惭愧，我们这么多年来每天生活在一个美丽的童话王国里，可是我们却视而不见，吃得太好确不能享受。

第5讲　以怨养怨是将痛苦N次方

在这个世界上，几乎每一个人都会时不时地因为一些人和事而处在这样或者那样的抱怨之中，但聪明的人往往能够自己化解抱怨，而愚蠢的人却常常为或大或小的不如意而牢骚满腹，继而引来更加深重的抱怨。

多年前，哈佛有位心理学家曾经做过一个调查：对于一个总是抱怨的人来说，抱怨的由头几乎随时随地都可以找到。比如：挤车时，有人不小心踩了或者撞了他／她一下，立刻就会抱怨人家“想找茬”；上班时，老板就事论事地提说了他／她的毛病，立刻就会抱怨人家“穿小鞋”；购物时，商家告诉他／她说某件衣服颜色清浅不能试穿，立刻就会抱怨人家“小气鬼”；吃饭时，传菜的服务生撒了几滴汤水在他／她的身上，立刻就会抱怨人家“不长眼”……就这样，每时每刻，他／她都把可以拿出来抱怨的事情挂在嘴边，而不会去寻找别的什么话题……更为重要的一点是，他／她还把抱怨事情当成了和人谈话的一种形式，即便是在闲聊天气、交通状况、时事新闻、子女等问题的时候也是口若悬河，让人望而生畏，直恨不得立刻遁身逃走！

我们把这种现象叫做“以怨养怨”。有抱怨就会有痛苦。有些人因为抱怨而痛苦，再因为痛苦而抱怨，一直循环下去。这样，一个抱怨会引起无数个抱怨，一个痛苦会衍生无数个痛苦。所以，“以怨养怨”是将痛苦N次方，将其放大很多倍。

一场瓢泼大雨，把一座多年的老房子浇塌了一个角儿。

老房子的主人特别生气挑到院子里，指着天空，破口大骂开来：

“你个挨千刀万剐的上帝，有眼泪没处洒了不是？攒了这么多，一口气喷下来，倒把我的房子毁了，衣服湿了，粮食冲了，我没地儿住了，没东西吃了，你就心安了……”

正骂得起劲呢，住在隔壁的邻居出来了，安慰他说：“哎呀，算了算了，上帝也不是故意的。再说了，你骂得挺厉害，可它能听得见吗？”

“哼哼，它当然听不见了，要能听见还不羞愧得一头撞墙死去呀……”

“呵呵，这不就得了嘛！”隔壁的邻居继续开导他，“既然上帝听不见，那你干吗还在那白费劲儿呢？倒不如赶紧找些人手来把房子修一修，然后坐在屋里把衣服烤烤，把粮食拾掇拾掇，也免得再下雨了又出什么意外啊！”

却见老房子的主人一跳老高：“不行，我非得好好写一写上帝，把我害苦了，想抬腿一走了之，门都没有……”说着，又破口大骂开了。

就这样，气呼呼地骂了好半天，就是不说修房子的事。结果，又一场瓢泼大雨下来，终于把整座房子给浇塌了。

明知道抱怨于事无补，但还是在一个劲儿地抱怨而不说去努力地接受乃至改变。如此，不但凭空增添了不少的痛苦与烦恼，而且还会有更大的破坏作用。想想吧，如果生活中有两拨人：一拨听不见抱怨——批评没有、闲话也没有；另一拨充斥着抱怨——一会批评、一会闲话。一定要从两者中选择其一的话，你会选择哪一拨人去交往呢？

可以相信，绝大多数的人都会选择前者。原因也很简单：在到处都充斥着牢骚的现实生活中，我们正需要一个“不抱怨的空间”！

不可否认，在现实生活中我们会不时地遇上一些让自己恼怒的事情，有时候甚至还会让人目瞪口呆地歇斯底里。但是，抱怨越是不愿意，闭嘴就越难以忍受。每一个人都会面临抱怨难以自制的矛盾，诚然控制抱怨并非易事，然而若让抱怨继续下去就会伤人害己。许多关键时刻，一旦意气用事、率性而为，其后果将难以预料。所以说，陷入“以怨养怨”的恶性循环之后，喋喋不休的抱怨只会使得你的生活更加的沉闷。如此，就必须想出一个最适合调整自己情绪的办法并形成习惯，从而尽最大可能地去控制自己的抱怨。

有一个小伙子，总会对一些看不惯的人和事大发抱怨。

这一天，正当小伙子又在怨气冲天的时候，他的父亲走了过来，拿给他一袋钉子，并且告诉他：“从现在开始，每当你抱怨的时候就钉一颗钉子在院子的围栏上。”

第一天，小伙子钉下17颗钉子；第二天，小伙子钉下15颗钉子；第三天，小伙子钉下了14颗钉子……慢慢地，每天钉下的钉子越来越少了，他发现控制自己的抱怨要比打下那些钉子容易得多了。

终于，有一天一颗钉子也没有钉下，小伙子就赶紧跑去找父亲。却听父亲说道：“从现在开始，只要你控制一次抱怨，就拔出一颗钉子。”

小伙子有些不解，但还是照着去做了。

过了一段日子，小伙子总算把所有钉下的钉子全都拔了出来。

这个时候，父亲笑了起来，说：“你做得很好，我的孩子，但是看看那些围栏上的洞吧，将永远也不能回复到从前的样子了。你抱怨时所说的话，就如同这些钉子留下疤痕，再多的对不起也无济于事，那疤痕已无法抹去，伤痛也一样存在,且真实的让人无法承受。”

听着，小伙子认真地点了点头。从此，再也听不到他的抱怨了。

如果你想很好地控制并最终放弃抱怨，那么你就必须学会凭借坚强的意志力来替换自己的经验。试想一下，如果你能够把消极、负面的情况当成是积极、正面的机会，那么你就对自己的生命取得了绝对掌控的权利。

如果你注意一下自己抱怨时所说的话的语言结构，可以看到，你经常这样说道："为什么我的父母不是富翁？""为什么老板没有让我晋升？""为什么我不能受到更多的训练？""为什么我没有做到？""为什么没人告诉应该这样做？""为什么我就找不到一个与我相爱的人?"

所有这些"为什么"对你的影响力很大，它们足以牢牢地控制住你的整个心态和所有情绪，从而让你把生命中很大一部分精力和时间都放在这样的抱怨之中，如此长期以往就只会加剧你对自己的无价值、无用的恐惧。现在比如说：你可以这样问自己："我如何才能做到？""我如何才能让老板给我升职？""我如何能够不受痛苦？""我如何能够发挥自己的特长和优点？""我如何把以往的经历变成一种独特的力量？"等等。有道是："有什么样的问题就会有什么样的人生。"当把"为什么"转变成"如何"之后，就能够给你超过你所想象的更有建设性、更富愉悦的人生，当然你也会迅速地看到你的惊人转变了。

哈佛人生箴言

虽然无法改变生活，但是可以改变自己；虽然改变不了过去，但是可以努力改变未来。如果我们摆脱了"以怨养怨"的恶性循环，那么我们也就改变了我们的生活。

第6讲　宽容是快乐的魔法石

什么是宽容？马克•吐温说："当一只脚踏在紫罗兰花瓣上时，它却将香味留在了那只脚上，这就是宽容！"宽容是人类生活中最宝贵的一种美德，这种美德能包容人世间的喜怒哀乐，能化解人与人之间的恩怨情仇，能融化自己心头的冰霜，能给他人带来自信和希望。

宽容是快乐的“魔法石”，能够以宽容的心对待周围的一切，这样的人是快乐的。人人都有犯错的时候，与别人过不去就是与自己过不去，只有宽容地看待他人的错误时，我们才能获得灵魂的安宁，才能生活在欢乐之中。可是生活中，大多数人总希望得到别人的宽容，却总是把别人的缺点和错误放在心里，结果给自己留下了无尽的烦恼。这样的人，其实就是自己为难自己，他们不能宽恕别人，他们也就体会不到那种宽容后的快乐。

世界文学名著《悲惨世界》中有一个叫冉·阿让的主人公，他是一个园林修剪工，这年冬天，他不幸失业了。因为不忍心看到姐姐的孩子忍受饥饿，他从商店里抢了一块面包，被警察抓住后判5年苦役，因为越狱，刑期被延长了14年。

冉·阿让出狱后没有工作，还受人的蔑视，不久他就变成了一个盗窃成性的人。警察在想法抓住他盗窃的证据，以此来惩办他。

这是一个寒冷的夜晚，无处可去的冉·阿让饿昏在路上，幸运的是，他被当地主教米里哀救起并带到回家里，还像对待家人和朋友一样招待了冉·阿让。

但没想到的是，冉·阿让趁主教不备，偷走了主教房间里的所有贵重物品。当他被警察抓捕后，主教却对警察说：“这些东西是自己送给他的。”让警察放了冉·阿让，然后又给了冉·阿让一些银器，说：“我送你这些东西，赎的是您的灵魂。只想你做一个诚实的人，”主教的宽容深深震动了冉·阿让，他决心成为一个好人。后来，冉·阿让办起工厂，成了百万富翁后，他关心工人，关心穷人，兴办各种慈善事业，最后被推选为市长。

主教宽恕了冉·阿让的灵魂，也改变了冉·阿让的命运。

可见，冉•阿让的成功人生正是得益于米里哀主教的宽容。

当然，故事结尾并没有提到主教因此而快乐，但我们可以肯定的是，因为主教的宽容，冉•阿让摆脱了牢狱之灾，从一个盗窃囚犯到最后成为了市长，他不仅成功地改变了人生航向，而且在人生旅途中大有作为，试想，主教看到自己的宽容拯救了一个灵魂，换来了这样的奇迹，他有足够的理由为此骄傲和自豪，主教难道不会因此而快乐吗？

是的，当你以宽容之心对待他人失误的时候，你享受的是人与人之间的信任之美；当你以宽容之心让他人得到幸福的时候，你享受的是人与人之间的和谐之美。因为你的宽容，别人得到了重新做人的机会，因此你获得的是别人的感激和尊重，这个时候，还有什么让你不快乐呢？

凯德曼是乐团的候补小提琴手，只有在主奏生病或有事的时候，他才有出场的机会。

一天，刚回到家，听见卧室有响声。那种响声对于音乐家来说太熟悉了，那是他心爱的阿马提小提琴的声音。

“有贼！”凯德曼先生快速冲上楼，果然，他看到一个十几岁的陌生男孩正在那里摆弄那把小提琴。

这个男孩头皮蓬乱，身材瘦小，他破旧的外套里面好像塞了些东西，很显然，他是一个小偷。凯德曼先生用强壮的身躯将他堵在了卧室里。

男孩的眼里充满了惶恐、胆怯和绝望……看到这些，凯德曼的心软了下来，他马上用微笑代替了愤怒的表情。

他问道：“你是琼吗？就是丹尼尔先生的外甥，我是他的管家。丹尼尔说你要来，想不到你来的这样快！”

那个男孩先是一愣，但很快回应道：“舅舅出差了吗?那我先出去转转，一会儿再回来。”

男孩轻轻地将小提琴放下。

凯德曼问道：“你也喜欢拉小提琴吗？”

“是的，可我拉得不好。”男孩回答。

“那你用这把琴去练习一下。”凯德曼温和地说。

男孩疑惑地看了他一眼，但还是拿起了小提琴。

在客厅，当男孩看见墙上挂着一张演出的宣传照，上面写道：“凯德曼先生”时，身体猛然抽搐了一下，发疯似的地跑远了。

凯德曼先生相信那位少年已经明白发生了什么，因为谁会用管家的照片来装饰自己的客厅呢?

这天晚上，凯德曼的太太问道：“亲爱的，怎么不见了你那把心爱的小提琴了，坏了吗？”

“没有，我把它送人了。”凯德曼说道。

“送人？不会吧！那可是你生命中不可缺少的东西。”凯德曼太太有些不相信。

“你说的没错，但如果它能够拯救一个人，我情愿这样做。”

于是，他就将事情的经过告诉了她，然后问道：“你觉得我有必要这么做吗？”

“希望这样能对这个孩子有所帮助。”妻子说道。

两年后，凯德曼失业了，很多的时候，他只能待在家里。好在电视上天天直播“全国音乐大赛”，凯德曼借此打发时间。

在比赛中，一位叫里特的小提琴选手脱颖而出，闯入了决赛。人们猜测，究竟是谁调教了这样一个音乐天才。可是，就连比赛的主办方也不知道里特的来历。当主持人问及里特，里特说要是有幸拿到比赛第一名，他将在颁奖大会上说上说出他师出何人。

于是，人们对里特秘密的期待，远远超过了对谁是比赛的冠军凯德曼。就是这样。

最后，里特用精湛的演技获得了全国比赛的第一名！

秘密就要揭晓了，这时，所有的电视镜头都对准了里特。

面对镜头，里特说：“我的老师叫凯德曼，是一个并不著名的小提琴手，他曾经送过我一把小提琴，我一直珍藏着，直到有了今天！”

说着，里特热泪盈眶：“那时候，几乎每一个人都把我当成垃圾，我也以为自己彻底完了。但是，您让我在贫穷和苦难中重新拾起了自尊，心中再次燃起了改变逆境的熊熊烈火！凯德曼先生，你在看比赛吗？今天，我可以无愧地将这把小提琴还给您了……”

看着电视上的里特，两年前的那一幕又出现在凯德曼先生的眼前，原来他就是“丹尼尔先生的外甥琼”！

凯德曼先生激动得留下了幸福的泪水。

后来，因为凯德曼是天才的老师，他又回到了乐团，并成为了乐团的主奏。

当凯德曼先生看到小里特用精湛的演技获得了全国小提琴比赛的冠军以及那番真情表白后，他应该觉得比任何人都快乐，因为正是自己的一份小小的宽容成就了小里特的辉煌人生。试想一下，如果凯德曼先生当初没有宽恕里特，而是选择在里特入室盗窃的那一刻把他送到警察局，那么还会有小里特的今天吗？他还能享受到天才少年发自内心感激老师时的那份快乐吗？不会的，一定不会。所以说："世界上最宽阔的是海洋，比海洋更宽阔的是天空，比天空还宽阔的是人的胸怀"。宽容是世上最美丽的一种情感，宽容更是人间最靓丽的一道风景。

哈佛人生箴言

人人多一份宽容，社会就会多一份理解，人人多一份宽容，社会就会多一份和谐，宽容是人间的润滑剂，宽容更是快乐的"魔法石"！你宽容了别人，给别人留下了一些空间，你收获的将是整片蓝天！

第7讲　学会将痛苦"格式化"

格式化这一概念源于电脑领域，简单的理解，就等于说是把数据清零，删掉存储器内的所有数据，并将存储器恢复到初始状态，从而提高工作性能。其实人生正如电脑，电脑需要"格式化"，人生也需要"格式化"。人的一生，不可能没有一点挫折和痛苦，如果我们老是沉浸于回忆，悲观厌世，那么，只能是死路一条。忘却痛苦需要花很长的时间，因此，最省事、最直接的办法就是把痛苦全部"格式化"。人生无常，面对时刻都在变幻的世界，我们或多或少都会有一种无力感。太多的事情让我们担心了，如果不控制自己，这种悲观的情绪会把自己慢慢逼到死角。

有一位母亲总是十分悲观，她对什么事情都很担心，因此整天生活在痛苦之中。

有一天，这位母亲独自一人去买东西，她把车停好以后，然后到商场采购。等她拎着大包小包出来，走到停车场的时候，发现几位警察正等在她的车子旁边。她慌了，不知道自己犯了什么错，慌乱之下，脑袋竟然一片空白，愣了好半天，才想起打电话给自己的女儿。

“我是妈妈啊！现在××商场的停车场，你赶快来！有好多警察围住了我的车子，不知道发生了什么事！你赶快来啊！”妈妈焦急地对着电话喊。

女儿正在开会，听到妈妈的声音已经变得颤抖，立刻请了假，朝着不远的商场走去。当女儿赶到的时候，发现妈妈脸色发白，神情紧张。

女儿陪妈妈走到自己的车子旁边，气喘吁吁地问那几位警察：

“警察先生，发生了什么事吗？”

几位警察愣了一下，其中一位说：“会发生什么事？我们在这值勤呢，警察也得有个地方站一站啊！”

还有一次，母亲患了流感住院，她躺在病床上痛苦地对家人说：“我……我可能不行了！”

原来母亲在自己的病历上发现了一个惊叹号，她认为自己肯定是得了不治之症。家人无奈只好去找护士：“护士小姐，为什么这一床病人的病历表上画了个大惊叹号？”

护士回答：“那是指要打点滴的标志，怎么啦？”

可见，这位母亲的悲观，焦虑恐慌，既给自己带来了不幸，也让周围的人得不到安宁。生活中像这样悲观的人还有很多，他们常常担心天会塌下来，担心朋友背叛，担心小概率事件随时发生。总之，恐惧与其相伴，失望与其随形，悲观把他们折磨得痛苦不堪。

其实一个人的一生中或多或少都会产生悲观情绪，当一些事物不尽人心、让人们大失所望时，悲观情绪就会悄然无息地光临我们了。如果不做调整，就很容易一蹶不振，生活在悲观的黑暗之中，永无光明可言。庸者在悲观面前徘徊不前，智者却善于化悲观为乐观，将痛苦“格式化”，从而开创了一片人生的新天地。

麦克4岁的时候在自家农庄后面的树林中玩耍，忽然，他看见不远处有一头豪猪，好奇的麦克睁大了眼睛想看个清楚。可还没来得及细看，麦克便觉得脸上一阵剧痛，原来是一个小伙伴不小心将手里挥动着的极热的烧焊器打在了他脸上。霎时，麦克什么也看不见了。

被送往医院检查，男孩的左眼球被击破。由于严重的交感性炎，半年后，麦克的右眼也失去了视力。从此小麦克生活在黑暗中，对于一个刚刚开始认识世界的孩子来说，这无疑太残忍了。

麦克看不见任何东西，他不停地哭闹。为了鼓励弟弟，哥哥伊安告诉他："你的耳朵就是你的眼睛！"于是麦克按哥哥说的去练习，一段时间后，他可以循着青蛙的叫声捉到它们。

可是光靠耳朵也不行，他哭喊着要去看树上熟透的野果，要去看忙碌着搬家的蚂蚁……这时母亲告诉他："你的手和脚就是你的眼睛！"于是，麦克学着用手去抚摸东西，用脚去丈量距离。很快，他便在家中行动自如，还能从树上采摘下那些大而柔软的果实。几年后麦克进了一所盲人学校，学习了很多知识。

麦克渐渐长大，他发现自己失去的是最重要的东西，并因此变得自卑。一天，一向严厉的父亲看出了麦克的心思，于是对他说："孩子，你的心就是自己的眼睛啊！"

麦克认真琢磨着父亲的话，忽然之间，他似乎明白了什么。于是麦克真正改变了自己的心态，他不再抱怨，因为一味想到自己的缺陷，只会让自己更加痛苦，他下决心要用自己心中的眼来指引自己的人生道路。

他试着学习各种乐器：吹竖笛、弹钢琴、吹喇叭。后来他开始学习摔跤，连赢20场比赛。他又开始学习游泳、短跑、标枪、铁饼，一次次在比赛中获得冠军。中学期间，他先后夺得11项加拿大全国冠军和6个国际锦标赛冠军。后来，在全美首届盲人滑水锦标赛中，他又一次夺冠并创下世界新纪录。1984年的洛杉矶奥运会，他成了从纽约向会场传递圣火的优秀运动员之一，此时他已赢得了103枚奖牌。

麦克真正脱离了痛苦，他坚定地向前走，迎来了生命中最辉煌的时刻。

可见，面对人生的巨大缺陷，麦克没有陷入深深的自卑，反而从悲观情绪中走出来，勇敢地忘记了痛苦，迎来了人生新的天地。

是的，世事难料，生活中的很多事我们无法主宰，一味地悲观失望，只能让痛苦加剧。所以朋友们，当你被诸如此类的烦恼困扰的情绪紧张时，当你承受巨大的打击时，请大声地告诉自己，凭借我的斗志和坚强的意志力，完全可以克服困难，可以改变自己痛苦的心境，让痛苦全部“格式化”。

哈佛人生箴言

庸者在悲观面前徘徊不前，智者却善于化悲观为乐观，将痛苦“格式化”，从而开创了一片人生的新天地。

第8讲　从今天起学习快乐

有研究发现：单纯的脑力劳动不会使人感到疲倦。我不禁要问：那些导致我们感到疲倦的到底是些什么东西呢？

英国著名的心理学家哈特•菲尔德在他的《权力心理学》一书中写道：“我们所感到的疲劳绝大部分源于精神因素的影响，纯粹因生理消耗引起的疲劳是几乎没有的。”

美国著名的精神病理学家布利尔宣称：“健康状况良好而常坐着工作的人，他们的疲劳全都是由于心理因素，或是我们所说的情绪因素的影响。”

那些影响到经常伏案工作的人，使他们感到疲劳的心理因素到底是什么呢？快乐？满足？当然不是！而是厌烦、不满，一种不受欢迎的无用的感觉、焦虑、忧愁等。这些负面的情绪因素会消耗掉这些长期坐着的工作人员的精力，使他们免疫力下降，易患感冒、精力衰退，每天昏昏沉沉地回家。不错，这些负面的情绪在体内制造的紧张是使我们觉得疲惫不堪的一个十分重要的原因。

很多人寿保险公司都有这样的宣传小册子，上面写着：忧虑、紧张、心烦意乱是导致疲劳的主要原因，而并非是身体或精神的操劳引起的，记住，紧绷的肌肉本身就是在工作。所以，放松自己吧！把所有的精力投入到最重要的事情当中。

现在，请你暂且停下手头的事情，自己检查一下。当你念到这句话的时候，是不是正对着书本愁眉不展？是不是眉头紧锁？是不是很放松地坐在椅子上？还是耸起双肩？是不是脸部肌肉紧绷？除非你像一只慵懒的猫放松地睡在太阳底下，否则你就是在不断制造疲劳！

很多由紧张所产生的疲劳，都是自己无形中制造的。人们常说“累即心累”，说的就是这个道理。

那么解除疲劳方法是什么呢？放松！放松！再放松！要让自己随时随地都能得到放松！

接下来我们应该如何放松自己呢？你应该从肌肉开始放松。轻轻地坐下，身体向后靠，闭上眼睛心里默默地说：“放松，不要紧绷眉头，放松，让眉头舒展开，放松，……”就这样慢慢地重复约一分钟。

现在，你是不是发现肌肉开始放松了呢？是不是有眼前一亮，精神大振的感觉？没错，虽然这看起来令人不可思议，但就在刚才经过的一分钟里，你已领悟到了自我放松的奥妙。这种方法可类推用于头部、颈部、脸上的肌肉、双肩直至整个身体。

的确，放松对经常伏案工作的人员尤为需要。芝加哥大学的艾德蒙•亚格布森博士说：“如果一个人能完全放松眼部肌肉，他就能忘掉一切烦恼了！其主要原因就是，眼睛消耗的能量为全身神经消耗能量的四分之一。”许多本身视力很好的人经常感到眼睛疲劳，甚至视力减退，都是因为他们眼部的紧张反应所致。

著名女作家鲍姆说，她小时候碰到一位老人，就是这位老人给她一生中最重要的一课。当时，她和其他的小朋友一起玩耍，不小心摔伤了膝盖，有个老人把她扶起。这位老人一面帮她拍掉身上的尘土，一面说：“你会受伤，是因为你太紧张了，现在最重要的是要学会放松自己，你要让自己松弛下来。好吧，现在我教你怎么做。”

那个老人曾经是马戏团的小丑，他教鲍姆和其他小孩子怎样跑，怎样跳、怎样翻跟斗。他不停地强调：“把自己想象成一双松垮垮的旧袜子，你就一定会放松下来！”

其实，放松自己并不费力，你完全可以随时随地放松自己，只要不断重复地对自己说："放松……放松……再放松……，你会觉得自己已没了压力和紧张感，变得像孩子般自由自在，像小鸟般轻松自如。还有一个消除或者说是避免疲劳的好方法，那就是喜欢上你现在所做的事。下面让我们看看艾丽丝的例子。

艾丽丝是位公司职员，一天，她下班回到家里，显得疲惫不堪有气无力，不想吃饭，只想上床睡觉。突然，电话铃响了，是男朋友邀她去唱歌！艾丽丝的眼睛一亮，整个人变得兴奋起来。她非常喜欢唱歌跳舞之类的活动，当天一直玩到半夜才回家。她看起来没有一丝倦意，竟然因兴奋过度而难以入梦。

艾丽丝前后两种完全不同的表现足以说明：心理的劳累比体力的操劳更易使人产生疲倦。

据此可以得出一个结论：我们的疲劳往往是由忧虑、挫折、不满等心理因素造成的，而不是因为工作。假如你从事的是脑力工作，工作本身不会让你疲劳，往往正是因为没有完成的工作的压力带给我们焦虑、挫折感，最终导致我们疲惫不堪。

人如果做的是自己感兴趣的事情，往往会非常快乐，不知疲倦。有兴趣就有活力，要知道，和爱唠叨的人同行一小段路要比和知心好友同行十里还要累人呢！

维多莉是一家公司的速记员。一天，人事部门的助理非得要维多莉把一封长信重新打一遍，她不愿意。维多莉对他说，不用重打，只要把错别字改正过来就行了。助理却说，如果你不做，我就找别人去做！维多莉真气急了，不得不重新打一遍，因为她担心别人会趁机取代这个职位，而她又非常需要这个职位。为了让自己好过些，维多莉只好假装自己喜欢工作——这样一想，让她出乎意料之外的是，她真的开始有点喜欢这份工作了。维多莉发现，一旦喜欢上自己的工作，效率就会提高，所以现在她很少需要加班。这种新的积极的工作态度，使同事认为她是个优秀职员。后来，销售部门主管需要一名私人秘书，就选上了她。销售部门主管说，维多莉总是充满热情地去做额外的工作！这种心态的改变所产生的奇妙的力量，实在是维多莉一生中最重要的大发现，也确确实实奇妙无比！

那些想成功的人们请记住：运动对我们的身体确实很重要，但我们更需要的是精神、心智上的运动，以便促使我们将成功的计划付诸行动。所以，每天早晨起来不妨对自己说些鼓舞信心的话。

这话听起来是不是让人觉得好笑、肤浅，或是幼稚？一点也不！其实，这在心理学上是绝对正确的。

每天都跟自己这样交谈，我们可以从中获得了勇气和幸福，知道了什么是平安和力量；每天都抽出一点时间跟自己谈些充满感激的事，这样，你心灵的天空就会阳光灿烂，溢满欢乐。

哈佛人生箴言

不要想的太多，只需慢慢地按照上面提到的方法去做，慢慢地体会，不要急于求成，当你发现这些使你受益无穷时，也就是你远离疲劳，快乐健康的时候，也是你散发着迷人魅力的时候。

第06课

佛朗西斯科·凯斯利教授关于“言行”的讲座

——为自己的一言一行负责

佛朗西斯科•凯斯利告诫学生：一个人要是能时时刻刻为自己的一言一行负责，他就是一个可以信赖的人，一个可以托付重担的人，一个能做大事的人。那些能够取得成功的人，就是时时刻刻都能记得自己肩上的责任和义务，在担起责任的同时也获取了财富。

佛朗西斯科·凯斯利，目前是哈佛商学院Ernest L. Arbuckle工商管理教席教授，研究领域为战略、创新以及变革的领导艺术。他经常为《哈佛商业评论》撰稿，共发表了13篇，并在1989～1992年间担任该刊主编。他的重要管理著作往往也是畅销书，比如《变革大师》(The Change Masters)、《当巨人学习跳舞》(When Giants Learn to Dance)和《世界级：区域性企业也能竞逐全球》(World Class: Thriving Locallyin the Global Economy)。

凯斯利是全球最负盛名的管理作家之一，她撰写或与他人合作撰写了17本书，其中多本畅销，并多次获得各类奖项。凯斯利合作创立了Goodmeasure咨询公司，目前她的主要研究与咨询对象是全球性公司、医疗系统，以及其他寻求创新模式的组织。她担任多家公司CEO的顾问，她在公司战略与创新方面的思想理论也获得了广泛认同。作为一位杰出的管理学家，凯斯利经常出席各类国际会议，并与一些国家领导人在同一论坛发表演讲。

第1讲　好的言行习惯是成功的钥匙

曾经有一位哲人这样说过："播种行为，收获习惯；播种习惯，收获性格；播种性格，收获命运。"因此，我们说，好的习惯，是开启成功的钥匙。

前苏联教育家乌申斯基也曾说："良好的习惯乃是人在神经系统中存放的道德资本，这个资本不断的增值，而人在一生中就享受着它的利息。"

习惯是一个人独立于社会的基础，又在很大程度上决定着人的工作效率和生活质量，并进而影响着他一生的成功。

有一次，十几位诺贝尔奖得主聚在了一起，记者问其中一位获诺贝尔奖的科学家："请问，您认为最重要的东西是从哪里学到的？"

这位科学家说："在幼儿园。"

"在幼儿园，你学到了什么最重要的东西。"

"学到了习惯，习惯不拿不是自己的东西，习惯放整齐东西，习惯知错就改，习惯观察要细心……"科学家回答。

其实，这位科学家的意思就是说：一个人的成功，与从小养成的良好习惯密不可分，这是一个人成功的基石。

出生在一个小商家庭里的富兰克林，他父亲有十几个儿子。由于家里孩子多，家境条件也不好，富兰克林只读了两年书，就停止了学业。然后，他到哥哥的印刷所里打工。但是富兰克林酷爱读书，于是利用印刷所的便利条件，经常废寝忘食地刻苦读书。

在他20岁的时候，他为自己制定了自制、慎言、秩序、坚定、节俭、勤勉、诚实、公正、宽容、平静、整洁、忠贞等13项做人的原则，并把这些原则养成了自己的习惯。

他始终不渝地坚持着这些好习惯，最后，富兰克林成功了。

习惯可以养成一个人的性格，而性格可以决定一个人的人生。学习中的好习惯使我们学业进步，生活中的好习惯则使我们的生活井然有序，并获得不可多得的成功机遇。

美国福特公司世界闻名，不但使美国的汽车产业引领世界，还很大程度上改变了美国的国民经济，但是谁能知道这位伟大的福特，进公司的机遇竟然是“捡废纸”呢?

在福特刚毕业时，去一家汽车制造公司去应聘，可是一起应聘的人都比他学历高，他当时就觉得没什么希望了。但在他将要进董事长办公室的时候，看到门口有张废纸，非常的碍眼，于是顺手扔到垃圾箱里了。董事长把这些都看在眼里。福特进去刚说了一句：“我是福特，是来应聘的。”董事长就说：“很好，你已经被录用了，福特先生。”这人福特非常的惊讶，实际上事他不经意的动作成就了他的人生。

一个人一旦养成一种良好的习惯，就会形成一个人生命里固有的东西，它伴随生命中的每一天。在很多优秀人物的品质里，他们成功的保证，往往都是因为有一个好的习惯。所以，千万不要忽视好习惯的作用，它不仅会成为我们事业成功的基石，还会成为人生旅途上打开机遇之门的一把钥匙！

哈佛人生箴言

良好习惯是事业成功、人生取得成就的基础。每个成功的人都懂得如何培养一些良好的习惯来帮助自己，而好的习惯积累多了，自然会有一个好的人生。

第2讲 坏习惯能够摧毁一个人

习惯能够成就一个人，也能够摧毁一个人。小习惯常常是会影响大事情的。因此，我们一定要克服那些不良习惯，别让它侵蚀我们的明天和未来。

习惯左右着人们的思维和行动，它能让一个人一生追求的东西，在自己不经意的习惯中灰飞湮灭。所以，任何人都不能轻视那些平常不为自己所注意的习惯。

从前，有一个人出生在一个十分贫穷的家庭。

一次，他无意中发现了一张羊皮纸，这张羊皮纸上记载了一个点石成金的秘密：在黑海边，有一块古埃及传说中的具有神奇力量的石头，只要拥有这块小石头，就可以把自己遇见的普通石头都变成了金子。可是，这块奇石的外貌跟海边普通的石头没什么区别，但是它是带有温度的，不像其他的普通石头摸起来，是冰冷的。

穷人得到点石成金秘密后，高兴极了。于是，他迅速地带着简单的行囊，去寻找这块石头。经过了长达一年的奔波后，他终于到达了黑海，并在黑海岸边寻找那块奇石。刚开始的时候，他把自己遇到的石头捡起来，然后又扔到了海边。过了一些日子后，他发现，如果这样随地乱扔的话，自己都不知道哪块石头已经被捡起、哪块石头没有被捡起过，这样一来，自己会重复捡起已经捡过的石头。长此下去，会浪费很多的时间，大大降低了找到奇石的效率。为了防止这样的情况发生，他决定改变方式。他再捡起一块冰凉的普通石头时，他就随手把它扔进海里去，然后再去别的石头。

一天又一天的过去了，一个月又一个月过去了，一年过去了……一块一块石头被丢进了大海。转眼之间，他已经在黑海边捡了好几年石头了，可是始终没有摸到一块温热的石头。长期下去，捡石头、扔石头这一过程已经被他练到了炉火纯青的地步。

一天早上，他像往常一样起得很早，早早地就来捡石头。当他不经意地捡起一块石头时，他突然感觉到这块石头是温热的！可是，等他反应过来，已经来不及了。多年的扔石头的习惯性动作，使他把那块奇石已经扔到了海里，就这样，那块载着他一生财富的奇石就这样习惯地被扔进了茫茫大海里。

穷人后悔极了，因为后悔失去到手的奇石，最后郁郁而终。

这个可怜的人已经形成了一种习惯，那就是把他所捡到的石头都扔进大海里。他已经如此习惯于做扔石头的动作，以至当他真正想要的那块石头到来时，他习惯性地就将其扔进了海里。

莎士比亚说得好：“习惯若不是最好的仆人，它便是最坏的主人。”当坏习惯主宰了你的生活，它可不就是你“最坏的主人”吗?我们每天生活在习惯中间，我们的思想和行为都受着习惯的支配，我们的一言一行在不知不觉中被习惯所左右。因此，我们要及时发现身上种种以前视而不见的坏习惯，教你跨越人生的障碍，重新定位你的生活，找到一把打开成功之门的金钥匙!只要你能够勇敢地面对这些坏习惯，并克服掉这些坏习惯，化你的短处为长处，不断追求完美，培养优秀的素质，做到德业兼修，不断进取。最终你会成就一番自己的伟大事业，并成为尽善尽美者。

习惯不就像是人生道路上的车轮吗？它们决定了我们生活的方向。而一旦养成了不良的习惯，便会被它拉进人生的泥潭。而一旦抛弃了不良的习惯，我们便向完美的人生迈出了可喜的一步。

本杰明·富兰克林在年轻时也有一些不好的习惯，比如浪费时间、为小事烦恼、和别人争论冲突……

富兰克林意识到除非他能够改变这些坏习惯，否则不可能有什么成就。于是，他给自己制定了一个戒除坏习惯的计划。

比如，为了改正自己夸夸其谈的坏习惯，他给自己选择了“沉默”，要求自己做到于人于己有利之言才谈，避免了自以为是的空谈。

为了避免浪费时间，他在计划的“程序”一条里，规定了自己几点起床、几点吃饭、几点阅读等，使生活有条不紊。

后来有朋友说他常表现出骄傲情绪，他又把养成“谦虚”的好习惯列入计划里。

就这样，他每周选出一种坏习惯进行矫正，每晚必作自我反省，每天记录自己努力的结果，有时坏习惯没有彻底改变，就再延长矫正一周……

一年后，那些坏习惯已不见踪影，富兰克林完全变了。

富兰克林之所以能成为引导美国走上独立之路的爱国者，能成为著名的科学家，能成为最受美国人尊敬的人，是与他改变坏习惯，养成好习惯分不开的。

莎士比亚曾经这样告诫我们：“不良的习惯会随时阻碍你走向成名、获利和享乐的路上去。”

美国石油大王保罗·盖蒂以前是一个烟鬼。

一次，他开车去度假，途经法国的时候，正好遇到天下起了大雨。于是，他来到小城的一家旅馆，准备在这里过夜。简单地吃过晚饭，旅途劳顿的他，很快就进入了甜美的梦乡。

午夜的时候，盖蒂醒了，这时，他非常想抽一支烟。于是，他打开床头灯，习惯地伸手去摸桌上的烟盒，可是，却摸了一个空，原来这不是在家。他下了床，开始搜寻衣服口袋，接着又搜索行李，可是，结果却令他很失望，没有找到一根烟。这时候天还没亮，旅馆的餐厅、酒吧还没开门，如果要买烟，还要穿上衣服，走出去，到隔了好几条街的车站，才能买到。

此时，盖蒂的烟瘾上来了，越是找不到烟，那种想抽烟的欲望就越强烈。于是，盖蒂脱下睡衣，穿好了的衣服，准备拿伞出门。此刻，他突然停下了脚步，停住了，他问自己：我要做什么？

盖蒂站在那儿沉思：一个成功的商人，一个可以对别人发号施令的人，为了要抽一口烟，竟然要在半夜离开旅馆、冒着大雨去买烟。这是一个什么样的习惯？居然有这么大的力量？

沉思了半天，盖蒂放下了雨伞，把空烟盒扔进了垃圾桶里，脱下衣服，上床睡觉了。

从那晚以后，保罗·盖蒂彻底地戒烟了，而他的事业越做越大，成为了闻名世界的超级富翁。

发现自己有坏习惯要的不加以抑制，你就成了坏习惯的奴隶，它们会随时阻碍你走向成功。一个成功的人，必须有改变坏习惯的能力。正如俄国著名教育家百乌斯基所说：“养成良好的习惯能使人一生受益无穷，而恶习则会使你不断干蠢事。”让我们从现在开始，就要勇敢地采取行动，向不良习惯告别！

哈佛人生箴言

如果我们有改变坏习惯的想法，不妨就马上行动起来，既不要找借口，也不要等待别人来动员督促你，拿出你的勇气，与坏习惯彻底说“再见”。

第3讲　让责任心来成就你

我面对那些成功人士发现，这些出类拔萃的人都是具有责任心的人，所以他们才显得不平凡。所以我要告诉大家，超强的责任心会让你脱颖而出，所以任何时候都不要逃避什么，你的责任心的大小体现你的成功力的大小。

一个人能不能用心去做一件事，很大程度反映在他的责任心上。试想，一个人要是没有责任心，很难用认真的态度去做事，最终也只有品尝失败的苦果。

杰克逊·李是某公司的主任，一次，杰克逊·李得到一个小道消息：公司决定安排他到外地去处理一项业务。杰克逊·李早就听说这项业务非常棘手，很多人避之唯恐不及，于是，他当机立断提前一天告假，让助手顶替自己去处理这项事务。杰克逊·李的想法是：难办的事，就让助手顶着，办不好，也不用自己担责任。

半个月后，事情没有办好，公司高层追究责任，杰克逊·李便以自己告假为由，言称自己不知道这件事情的具体情况，一切都是助手自作主张，带领一帮人去处理的。

当高层进行一番深入调查，听了杰克逊·李助手的说明后，对杰克逊·李的责任心产生了怀疑，害怕他以后再做出类似的事情，影响团队的团结和工作效率，因此不久后降了杰克逊·李的职。

微软的一名高级主管这样说过："同事和上司们推选我来做质保部主管，是因为我会随时随地把我听到的、看到的关于微软的意见记下来，无论是我在朋友的聚会中，还是在街上听到的陌生人的话。因为作为一名员工，我有责任让我们的产品更好，正是我把公司的事当成自己的事，才赢得了公司上下对我的信任。"

每个人都希望在属于自己的圈子里有一定的地位，最好能成为核心人物，可是，有很多刚刚踏上工作岗位的人只知道追求地位，而不注意承担责任，这样的人是不可能成为核心人物的，相反，即使已是核心人物，要是缺乏责任心，一定会丧失在圈子里的核心地位。

但遗憾的是，有许多人本来具有出色的能力，却因为负责心不强，在公司得过且过，所以业绩平平，甚至还经常出现纰漏。相反，另外有一些人，他们勇挑重担，全身心地、尽职尽责地投入到工作之中，个人地位也不断得到提升，最后成为圈里的核心。

韦伯被一家公司聘做仓库保管员，工作非常简单，无非就是按时关灯，关好门窗，注意防火防盗等等，但韦伯却做得超乎常人的认真。一年下来，仓库在他的看护下，没有发生一起失盗案件。

一天，突然而来的强对流天气使得狂风骤起，乒乓球大的冰雹从天而降，砸坏了许多窗户的玻璃，冰雹过后，倾盆大雨又从天而降。这时，在家里休假的经理感到十分不安，因为在仓库里还堆放着刚买来的生产原料，如果仓库的窗玻璃被冰雹打坏，原料就会被雨湿透，这会给公司造成不小的损失。于是，经理马上通知安全科长，要他带几个人和自己一起赶到厂里抢险。

可当他们赶到仓库的时候，看见仓库窗户的玻璃虽然已经被冰雹砸碎，雨水随风从窗户飘进来，可原料已经被帆布盖好。更让他感到诧异的是，浑身湿透的韦伯正迎着随风而进的大雨逐个修补着仓库的窗户——经理高悬在半空的心一下子放了下来。他和安全科长带来的人一起投入到了韦伯的战斗中。

事后，经理握着韦伯的手说着感谢的话，而韦伯却淡淡地说："这是我的工作。"

鉴于韦伯的这种认真负责的精神，不久，经理破例提拔他做仓库主管。好多老员工不理解，韦伯来工厂时间不长，贡献也不大，凭什么给他升职？经理看出了大家的心思，说："韦伯虽然只是一名新来的仓库保管员，但是他忠于职守。上次下大雨，你们有谁来仓库看过一下呢？可能你们觉得，照看仓库不是你们的责任，可韦伯不仅完成了分内工作，还超额完成了自己责任范围外的工作，他是最称职的仓库主管！"

责任决定作为，作为决定地位。有多高的地位，就必须承担多大的责任。不负责任的人，很难成为团队的核心；不负责任的管理者，会丧失既得地位。

哈佛人生箴言

勇于负责的人，面对困难不会退缩，只会勇挑重担、全力以赴，用作为证明自己的价值，用作为博得上司的器重，用作为为自己赢得荣誉和地位。

第4讲　如果你犯了错，请承担

在现实中，很少有人遵循这条成功的定律，有一些人犯了错误后，害怕受到责备，因此想尽办法掩饰过失、推卸责任，不愿意承认自己的过错。殊不知，这样做却是成功的大忌。

吉姆和琼斯同时应聘于一家公司，两人都以优秀的成绩通过了考核，但职位只有一个，于是，公司决定让他们俩同时做一件事，以便从中选出一个最优秀的人作为正式员工。

主管吩咐他们一起把一件古瓷送到码头，并反复叮嘱他们路上要小心。没想到送货车开到半路却坏了。吉姆看到这种情况，赶紧下车抱起古瓷，一路小跑赶往码头，琼斯跟在后面。跑着跑着，迎面来的一个人一下子和吉姆撞了个满怀，“哗啦”一声，古瓷掉到地上，顿时全碎了，撞吉姆的人却在两人发愣之际溜走了。

琼斯和吉姆都知道古瓷打碎意味着什么。回到公司后，琼斯走进主管的办公室，把事情的原委告诉了主管，并对主管说：“主管，不是我的错，是吉姆不小心摔碎的。”主管平静地说：“谢谢你，我知道了。”

吉姆也到了主管的办公室，把事情的原委也告诉了主管，最后说：“这件事是我的失职，我愿意承担责任。”

第二天，主管把他们叫到了办公室，对他们说：“你们俩都很优秀，但是这次我们只能从你们俩中选一个人，经过认真考虑，我们决定聘任吉姆。”

“这是为什么？”琼斯问。

“一个能勇于承担责任的人是值得信任的。其实，吉姆能主动抱起古瓷，就说明他敢于承担责任，因为谁都不想古董在自己的手上被打碎。还有，我看见问题出现后你们两个人的反应是不同的。”主管说：“不过，选择吉姆也不是我的决定，是公司总裁的意思。”主管的话音刚落，一个人从主管办公室的里间走了出来，琼斯和吉姆定眼一看，没想到这个人竟然是把他们古董撞碎的那个人，他走到吉姆身边，伸出手说：“欢迎你加入我们的团队，小伙子。”

如果你犯的错误比较严重，知道的人一定不会少，你的狡辩只能让人对你心生厌恶；如果你犯的错误不太要紧，你仍然企图狡辩，那实在是划不来。

在通往成功的路上，谁都难免要犯错，但犯错误后，要敢于担当，勇于认错。这样的人才会受欢迎。因为主动认错能让同事或上司看到你不推卸责任、勇于负责的品质。

哈维达里是一家商场新招聘的笔记本电脑销售员。尽管哈维达里业务还不是很熟练，但他认真热情的工作态度，受到了经理和周围同事的好评。

一天，哈维达里在销售笔记本电脑时，一时大意，把一台价值10000元的笔记本电脑，以5000元的价格卖给了一位顾客。对犯了这样错误的员工，上司是不能容忍的，一定会被辞退。

有同事告诉他，他完全可以向那位顾客追回5000元。如果不希望因为追款引起太多的麻烦，他还可以自己筹齐5000元悄悄地入账，这样，就可以神不知鬼不觉地了结这件事。

但哈维达里在思考一番之后，决定主动向商场经理承认自己的失误，那位好心的同事听后大吃一惊，说："你疯了！那样你肯定会被辞退的！"但哈维达里仍然坚持自己的决定。

下班之前，哈维达里手拿一个信封来到经理的办公室，对经理说："对不起，经理，今天我犯了一个很严重的错误，让公司遭受5000元的损失。我为我的错误感到羞耻。这5000元请您收下，希望能弥补一下公司的损失。如果您要因此开除我，我不会有任何怨言的。"

经理听后，注视了他片刻，问："你真的打算用自己的钱填补那5000元的亏空？"

"是的，经理"，哈维达里诚恳地说，"虽然我可以按照顾客留下的联系方式，找到顾客让他付这笔钱。但为什么要去找他呢？是我把两种笔记本价格弄错了，这完全是我的错，我对这个失误负有全部的责任。而且，这样做还会影响商场的声誉！"

哈维达里主动认错，并承担责任的举动深深打动了经理。经理没有像其他人所想的那样开除哈维达里，而是让他留在了商场。

几年之后，哈维达里成了商场的主管。

主动地承担自己的过错，与主动接受工作任务一样，表现出的是你的责任心。所以，千万不要惧怕伴随错误而来的负面影响，一味地隐藏错误或竭力为自己开脱，只会犯更大的错误。

诚实地承认错误要冒不被谅解的风险，但推卸责任却一定要承担被人轻视的后果。更重要的是，承认了错误你还有补过的机会，但敢做不敢当却会使你失去重新来过的机会。敢承担责任，才会受到人们的信赖和尊敬。

哈佛人生箴言

责任心是一种勇气，一种智慧，也是一种力量。勇于承担的人，才能够担负起更多的责任，才能够让人认为值得信赖、值得托付。

第5讲 诚信是所有事业成功的基础

缺乏诚信的人，即使花言巧语，也会被人识破。运用别人的钱致富是一条捷径，但一定要有诚信。诚信是所有事业成功的基础。银行的主要业务之一是放款，把钱借给诚信的人，赚取利息；借出愈多，获利愈大。

达拉斯的查理·赛门斯是百万富翁。起初，他身无分文直到外出工作，才有了一些积蓄。每个周末查理会定期到银行存款，其中一位柜员注意到他，觉得这个孩子天生聪慧，了解金钱的价值。

查理决定创业，从事棉花的买卖业务，那位柜员让他贷款。这是查理·赛门斯第一次运用别人的钱。当时还没有发明电脑，银行贷款也是用纸计账的。由于办事人员的疏忽，把有关查理贷款的凭证丢失了。但是还款时期到的时候，查理明知银行没有证据，依然按约还款。

查理的诚信让银行人员十分感动，对其大加表扬。

有一次，有两个保险公司的业务员来找他。两个人都是优秀的保险业务员，业绩非常好；他们用推销保险的收入，自己开公司，却因经营不善，只好把公司转卖给别人。

他们去找查理，说出自己失败的经验，“我们的公司没有了，推销保险至今所赚取的佣金，都缴了学费。如今连养家糊口都有困难。”

而且，他们还告诉他，“我们对于推销工作非常在行，您具有专业的知识和经验，我们需要你，大家共同合作，一定会成功。”

几年之后，查理·赛门斯买下了他和那两位推销员共同创立的公司全部股份。他资金从哪来呢？当然是向银行借钱。因为，从小他就知道银行是他的朋友。

查理向达拉斯银行贷款。银行非常乐于把钱借给像查理·赛门斯一样讲诚信，并且有可行性计划的人。查理的贷款额度不受限制，他的寿险公司，原来的资本只有40万，通过基本客户群制度，在短短10年之内，获利4000万。其后，他又动用别人的钱投资旅馆、办公大楼、制造厂和其他企业。

借款人自愿把钱借给一个值得信任、懂得感恩的人，这是良性的互助。辜负别人对自己的信任，就是不诚信。不诚信的人借钱或购买商品，却不愿意偿还全额贷款或付清款项；而诚实的人，也可能因为一时疏忽，无法偿还贷款，又成为不诚信的人。

态度积极的人，有勇气面对事实。没有能力还钱时，有勇气告诉债权人，想出使双方满意的处理方式。此外，他会做出适度的牺牲，直到债务全数还清为止。

诚信且具备常识的人，不会滥用信用；诚信但缺乏常识的人，可能会胡乱借钱。当想不出还钱的办法时，受到消极的态度所影响，就可能违背诚信。他可能放任不管，因为欠债往往不会被关进监狱；他认为自己可以逃避惩罚，却无法逃避担忧、恐惧和挫折感，因为束手无策而背信，还可能会造成恶性循环。

查理的成功事例说明：只要有诚信，才能用别人的钱由贫穷变为富有。

所谓恪守信义，即对许诺一定要承担兑现。“人无信不立”，答应了别人什么事情，对方自然会指望着您，一旦别人发现您开的是“空头支票”，说话不算数，就会产生强烈的反感。“空头支票”，常常会给他人增添无谓的麻烦，将使自己名誉受损。对别人委托的事情既要尽心尽力地去做，又不要应承自己根本是力所不及的事情。华盛顿曾说过：“一定要信守诺言，不要去做力所不及的事情。”这位先贤告诫人们，因承担一些力所不及的工作或为哗众取宠而轻诺别人，结果却不能如约履行，是很容易失去信赖的。

讲信用是忠诚的外在表现。交往离不开信用。“小信成则大信立”，治国也好，理家也好，做生意也好，都需要讲信用。一个讲信用的人，能够前后一致，言行一致，表里如一，人们可以根据他的言论去判断他的行为，进行正常的交往。如果一个人不讲信用，前后矛盾，言行不一，则无法判断他的行为动向，对于这种人，是无法进行正常交往的，更没有什么魅力而言。守信是取信于人的第一方法。信任是守信的基础，也是取信于人的方法。具有魅力的人，应该是守信的人，诚实的人，靠得住的人。

哈佛人生箴言

那些失信于人的人，常常被人们称为小人。因此，做人要讲求信义，不做失信于人的小人。

第6讲　不能随便发泄，不能随便发狂

我们常常看到这样一些人：在拥挤的公交车辆上，一个无意的碰撞会和人闹得脸红脖子粗；在单位常常会因为一件小事而出言不逊，大动肝

火；为了一些小纠纷而和邻里争吵辱骂，没完没了。这类人天生就是脾气大。殊不知，人生的失败往往就源于脾气太大，随意了自己的言行。

2006年，原本已经要退役的齐达内世界杯的再次复出，在他的带领下，法国队挺进了世界杯的决赛。可是，然而在世界杯的决赛上，面对对手阿根廷队的球员马特拉奇一句挑衅的话，齐达内用头猛烈地撞击在对方的胸膛上！这个举动让裁判罚下了这位法国队的核心队员。随后，阿根廷以微弱的优势战胜了法国。

失利后，不仅法国各大媒体批评齐达内的粗暴行为，世界很多媒体都在指责他的暴躁，一时间，齐达内成为了法国失利的罪魁祸首。的确，要是齐达内脾气小一点，他有可能带领法国队战胜意大利，完成自己职业生涯最完美的谢幕，但遗憾的是他没有做到。

有一天，威尔·罗吉士养的一头牛闯入了附近一个农户的田里偷吃玉米时，被农户杀死了。依据当时牧场和农田的共同约定，农夫应当通知罗吉士并说明原因，这样双方才算正确处理有关纠纷。但是不知为什么，一意孤行的农夫却没有这样做。

威尔·罗吉士听说这件事后，非常生气，尽管当时的天气正赶上一股强烈的寒流，他们还是怒冲冲地带着仆人去找农夫理论。当他们走到一半路程的时候，他和仆人都快被冻僵了，人和马车都挂满了寒霜。

最后，他们两个人艰难地到达农夫居住的小木屋，可惜农夫却不在家，农夫的妻子热情地招待他们进屋等待农夫。罗吉士在屋里看清了农妇消瘦憔悴的面庞，在屋角还有五个像瘦猴一样的孩子。

没有多长时间，农夫就回来了，农妇指着罗吉士告诉他：“他们两个是冒着寒风来找你的。”这时的罗吉士本想和农夫理论一番，不知为什么，他停住了，伸出了自己的手。农夫却完全不知道他俩的来意，他热情地与他们握手和拥抱，并热情地邀请他们共进晚餐。

在用餐的时候，农夫充满歉意地说：“真不好意思，委屈你们只能吃些豆子，本来可以有牛肉吃的，但是遇着了这样的鬼天气，没有准备好。”五个在一边的孩子听说有牛肉吃，眼里顿时有了神彩，兴奋得不停。

罗吉士的佣人一直等着他处理杀牛的事宜，但罗吉士却好像全忘了此行的目的，还与农夫的家人一起开心地说笑。

饭毕，天气依然恶劣，热情的农夫一家要求他们两个人一定要住下，等天气好了再回去，罗吉士和佣人盛情难却，在农夫家里住了一夜。

第二天早上，在他们用了一顿丰盛的早餐之后，就告辞而去。

这次寒流之行，罗吉士自始自终对此行的目的闭口不言。在回家的路上，佣人忍不住问他：“我认为，你会为了那头牛去讨个公道呢！”

罗吉士微笑着说：“开始本来是有这个念头的，后来自己考虑了一下，决定不再追究。其实，我没有白丢一头牛，得到了一点人情味，毕竟牛在任何时候都可以得到，而人情味却不是这样。”

什么样的情况都可能发生，什么样的事情都可能遇到，因此在处理工作和事务时，要学会控制自己的情绪，不要轻易地把自己的情绪表露出来，以免将人生搞砸。

1943年7月，在巴顿晋升为少将之际，有士兵检举了轰动舆论界的巴顿打人事件。

“当巴顿走到另一病号前，他问道：‘你有什么病？’病号开始抽泣，‘我的神经不好。’巴顿又问，‘你说什么？’答曰，‘我的神经不好，我听不得炮声’。

“将军大吼，‘去你的神经，你是个胆小鬼，你是狗娘养的。’然后他给了他一个耳光，并说，‘不许这龟儿子哭泣，我不允许一个王八蛋在我们这些勇敢战士面前抽泣。’他又一次揍了那病号，把病号的军帽丢至门外。同时又大声对医务人员说，‘你们以后不能接受这些龟儿子，他们一点事也没有，我不允许这种没有半点汉子气的王八蛋在医院内占位置。’

“他再次回头对病号吼道，‘你必须到前线去，你可能被打死，但你必须上前线。如果你不去，我就命令行刑队把你毙了。说实在的，我本该现在就亲手把你毙了。’”

这个消息很快被揭发，于是引起了美国国内的极大反应。好些士兵的母亲要求撤巴顿的职，有一个人权团体还要求对巴顿进行军法审判。尽管马歇尔从大局出发，决定化大事为小事，化小事为无事，但打骂士兵使巴顿声名狼藉。

诚然，现代人面对工作的巨大压力，都会有心烦气躁的时候，都会遇到难以诉说的苦衷，这时候会有一种强烈的想向人发泄胸中闷气的愿望。但是这种闷气不能随便发泄，如果不分场合任意发泄，那后果将是不可想象的。

哈佛人生箴言

没有一个人会无限度地包容你毫无理性的爆脾气，会理解你毫无节制地吵闹发火，会忍受你无比暴躁性格。如果你死不悔改的话，那么等待你的将是最糟糕的结局。

第7讲　控制自己，叫停自己

列夫•托尔斯泰说：“愤怒使别人遭殃，但受害最大的却是自己”。很多哲人都曾经告诫过人们，人生千万不要被愤怒左右，否则，那就是自讨苦。毕达哥拉斯说：“愤怒以愚蠢开始，以后悔告终。”所以，我们要控制好自己的情绪，不要轻易愤怒。

在一片广袤无边的大沙漠之中，有一只骆驼在艰难地前行。因为正值中午，所以天上的太阳像火球一样炙烤着大地，骆驼又饿又渴、又热又累，很快情绪开始焦躁起来。

正当骆驼十分焦躁的时候，有一块儿瓷片把骆驼的脚掌硌了一下，骆驼火上浇油，顿时火冒三丈，恶狠狠地踢了瓷片一下，脚掌也因此划开了一道又大又深的口子，顿时，鲜红的血流了出来，染红了它脚下的沙粒。

骆驼只有一瘸一拐地向前走着，而随着鲜血的流淌，骆驼更加没有力气。血的腥味将沙漠的秃鹫引来，不断地在骆驼的头顶上盘旋着，好只等着骆驼死去，去吃一顿驼肉大餐。骆驼感到非常很恐惧，它不顾受伤的身体，勉强地一路向前狂奔。可是，就在它来到沙漠边缘的时候，因为失血过多再加上劳累疲惫，一下子倒在了地上。

死之前，骆驼感叹道："我为什么跟一块小小的瓷片过不去呢？"

骆驼的死不是因为瓷片烙了脚掌，真正的凶手是骆驼自己，是它没有控制好自己愤怒的情绪。这只是一则寓言，其实在我们的生活中这样的事情比比皆是。不是有人因一个小误会与朋友绝交；也有人因别人的一句无心的口头禅而大打出手……。

为了新婚的妻子过得更好，结婚不久，丈夫就出了门。在外地就被一个老板录用了。

丈夫在那里一干就是18年，在这18年中他没有回家谈过亲，没有休过一次假。一天，他对老板说："我干了18年了，我该回家了。"老板说："回家可以，不过我有个想法，我给你钱或者我给你一个幸福的忠告，你从中选一个，你好好想想再给我答复。"三天后找到老板说："我想要那幸福忠告。"老板提醒他说："想要忠告，我就不会给你钱了。"可他还是坚持想要忠告。于是老板就给了他幸福的忠告。老板对他说："不要让自己生气，要是控制不住，就不要在生气的时候做决定，否则你以后一定会后悔。"老板接着说："这里有三个馒头，两个你路上吃，另一个等你到家后和家人一起吃吧。"

他离开家，离开深爱的妻子已有18年了，丈夫第一次踏上了归家的路。

他走了好几天，终于回到了自己熟悉的小村，他站在山头远远地望见了自己的家，屋子顶上正冒着青烟，还依稀看见了妻子的身影，忽然他的脸色一沉，原来他又看见了一个男子正伏在妻子的腿上，而自己的妻子正抚摸着他的脸。

丈夫的内心充满了怒火，他想跑过去杀了这两个人。这时，他想起了老板给他的幸福忠告，于是他停了下来。天黑后，他已恢复冷静，虽然很悲伤，但已经不怒火了。他想：“我不能杀死我的妻子，我要离开这个家，在这之前，我想告诉我的妻子，这18年来我没有背叛她。”

他走到家门口推开了自己的家门，妻子看到门口的丈夫，一下子扑到他怀里。他狠心地推开妻子悲伤地说：“你为什么背叛我……”

妻子吃惊地说：“什么？我也一直忠心于你，我也等了你18年。”

他说：“那今天下午伏在你膝上的男人是谁？”

妻子说：“那是我们的儿子，你走时我就有了他，今年他已经18岁了。”

丈夫高兴地走进家门，拥抱了自己的儿子。接着，一家人坐下来一起吃最后一个馒头，他把老板送的那个馒头掰开后，发现里面全是金币，是他18年的工钱。

就差一点点，故事中的男主角一样就毁了自己的人生，多亏是他让自己冷静一下，接受别人的忠告，才不至于做出出格的事，保全了自己。

人在愤怒时，常常看不清事情的实质而行为过激，就会造成一生无法弥补的遗憾！所以，富兰克林说：“愤怒起于愚昧，终于悔恨。”所以，人生在于能忍能定，能忍，而后才有定；能定，而后才有慧。通俗地说，遇事要学会控制自己的情绪，让激动和愤怒降降温，先让我们的心静下来，直至怒火彻底消失。

哈佛人生箴言

当人愤怒的时候，我们的思维处于混乱状态，很难保持冷静，这时候就很容易做错事，这样会让我们的处境更加窘迫、难堪。

第07课

拉摩尔·亚历山大教授关于“工作”的讲座

——哈佛所提倡的职业素养

职业素养是个很大的概念，专业是第一位的，但是除了专业，敬业和道德是必备的，体现到职场上的就是职业素养；体现在生活中的就是个人素质或者道德修养。能做好自己的工作，和一个人的职业素养有很大的关系。让我们看看拉摩尔•亚历山大教授在职业上能给我们哪些教益。

拉摩尔·亚历山大，1948年出生于纽约。现任哈佛大学政治系讲座教授、哈佛燕京学社社长。1969年，毕业于纽约威廉·史密斯学院（WilliamSmithCollege），获政治学学士学位；1971年，获华盛顿大学政治学硕士学位；1978年，获密歇根大学政治学博士学位。1972年起，先后执教于密歇根大学、阿里佐那大学（University ofArizona）、亚利桑那大学、华盛顿大学、加州大学伯克利分校、哈佛大学。1997年起，任教于哈佛大学政治系，并先后出任费正清研究中心主任及亚洲研究学会主席。

第1讲　工作要从基层做起

你应该了解，不管你有多好的学历，你一进入工商界，就等于是个小学徒，一切都要从头学起。即使你学了满腹的理论，也要在工作中慢慢去求证。如果你自认为比别人懂得多，把别人看成土包子，那些软钉子、硬钉子，准会把你碰得焦头烂额。这种情绪上的苦闷不是你自己找的吗？所以，在找工作困难的情形下，一开始不必计较工资的高低，只要有工作机会，你就不妨去试一试，也许你认为最看不上眼的工作，正是你将来创业的基石。

洛克菲勒去一家公司参加求职面试时，一位人事官员问他："你想找个什么样的工作?"

"我要你们所有的工作中薪水最低的工作。我急需要一份工作。"洛克菲勒说。

"来吧，我们雇佣你了。"

洛克菲勒十分高兴。他感到这是他生活中的低潮阶段，他无业、无家，可以说在这个世界上孤孤伶伶。他感到需要一个起点，甚至是最底层的一个起点。

第二天一早，他去上班，被安排在组装线上。他的工作是将带着铜铆钉的带子缠绕在铁环上。那时公司正在为陆军制造机车手提灯。他的薪水是每小时20美分。

他发现手工劳动有趣而令人满意。这一工作对他并不难。然而，头一天在组装线上，钉铆钉时锤子就把他的手重重地砸青了。他很担心这一事故对工作造成不便，在得到了老板许可后在下班后继续留下来，研究出一个能用受伤手指工作的办法。

他在车间里寻找，终于找到了他需要的工具和材料。他制造了一个木头节子，它能把铆钉固定住，可以毫不费力地做他的工作。

第二天他很早起来就去试用他新制的工具。他在其他工人到来之前开始做工。惊人的成功!这个木节子能固定住铆钉，不用他的手去扶，如同多了一只手，这样他能比原先用手扶的方法做更多的活。老板夸奖了他的新改进。

有了这个木节子，他的工作速度比原先加快了一倍。有了剩余时间，他向老板要求更多的工作，被委以一大堆杂务。他帮助组装线上的妇女调整工作台的高度，她们干得顺手也提高了效率。他在任何可能的环节中协助他的老板。他总是来得很早，下班后也留下帮助清理整顿，为第二天做准备。这是份不错的工作，满足了他当时的需求。

公司里的人对他就像一家人一样。有一次他结识了奥林·哈维——公司的采购员。一天哈维问他："你为公司工作感觉如何?"

"不错。"洛克菲勒说，"但我对钉铆钉有点烦了。我想找点更具挑战性的事情做，我可以学到更多的东西。"

哈维先生到洛克菲勒的生产线上来。

"你愿不愿意到采购部门做一个订货员?约翰。"他问。他解释了订货员的职责，并说借此你可以了解到整个公司的生产程序，他强调说，所有生产成品所需的材料都要经过订货员这一程序。洛克菲勒当然愿意。

他个人的努力工作和解决问题的能力被认可并被奖励。一年之内，从每小时薪金20美分的组装线工人升到了采购部，继而又被提升为灯光部门的经理助理。这以后不久，他被任命为工业关系部主任。

这些经历让他认识到，没有内部关系和推荐，一个人仍可以从最底层干起，一点一点地获得成功。洛克菲勒认为这是搞清一门生意的基础的最好途径，并能使他获得在这一领域里发展所需的必要的自信。

洛克菲勒对初涉社会的年轻儿子说："你在现阶段进入我们的公司，至少还需要5年至10年的学习。要成为熟练的经营人员，就必须勤学不倦。不过，为考试而一味埋头苦学是不可取的，是不值得表扬的。每月的得失统计表只会反映在现实生活中你是及格还是落伍。你想熟练掌握我们的经营方法，至少要花去5年的时间，熟悉顾客、工作场地、从业人员、经营阵容、外部力量的调整、内部力量的整合。到了这一阶段，你就可以享受高级轿车、轻松的旅行和豪华的餐厅了。"

很多年轻人刚离开学校校门时，理想比天远大，可是进入工商界之后，并没有受到自认为应受的重视，还是要从最基层干起，心里难免觉得太委屈了，一气之下不干了，认为一定有更好的工作。等混了几年之后，好工作仍然没有找到，而跟自己一起离开校门的人，已由基层升了上去，这时候要你再从基层干起，你感觉到的只是后悔羞愧而已。这种事，实在值得年轻人深深警惕。

在竞争格外激烈的职场，如果你想引起别人的注意，就得以一种低姿态出现在对方面前。如今，刚走出校园的大学毕业生面临着巨大的就业压力，在激烈的就业竞争中，理想的职业固然重要，但在没有更好选择的前提下，屈就是通向职场最平坦的路。

哈佛人生箴言

很多时候，一个人找不到好的工作，可能不是自身的能力问题。一般的工作不想做，自己满意的工作又做不了。其实，那些"不体面"的、最"底层的"工作最能锻炼人，所以屈就是一个人赢在职场最稳妥的通道。

第2节 你懂得消除厌职情绪吗

美国的许多人在刚刚踏入职场时，不但干劲十足、激情高涨，而且对自己的职业前途的自我期望值也寄予厚望；但半年时间不到，也许就会感觉到自己简直与机器人一样，每天是刚上了班就希望能早点下班，一点也没有原先的激情了。每一次工作中出现的不顺心，或长时间地工作，都会使得自己的情绪出现一阵低落。厌职情绪会严重地影响到我们的工作和生活，我们应该学会消除厌职情绪，找回当初工作时的那个激情飞扬的自己。

1．设法挖掘前进动力

长时间地在某一环境下工作之后，人们很容易成为技术娴熟的工作骨干，但日复一日地重复相同而琐碎的事务，就有一种被掏空了的感觉，自己无法左右自己的工作。再加上很少得到上级的表扬，或者经常得到不好的评价，这样就很容易会有一种无助感，从而导致厌职情绪。其实出现这种情绪，主要是因为这些人只知道单一工作，而没有明白自己工作的价值。其实只要在工作中树立起使命感，明确自己要实现一定的价值的话，就能在个人工作中产生前进的动力。

“说实话，工作这么长时间了，我也不知道自己到底学会了什么，每天领导要求我做什么事情，就会按照他的要求去交差，从来没有想过这个工作是否适合我，我到底在这个单位能有多大前途；只知道为了生存，我必须在这个单位继续干下去；时间长了，我就对这种机械式的工作方式感到厌倦了，每天都提不起精神，工作对我而言，已经成为平淡无味的东西。”一位哈佛毕业的白领如是说。

很显然这个白领在工作中，根本就没有什么动力，只是在被动地工作，这样自然就会产生一种厌职情绪。一旦在工作中树立起使命感，您就会主动地为自己出点儿难题，每天都有难题处理，您自然就会活得充实，坚持不懈下去，您就能发现自己每天都在进步，每天都会感到快乐。

2. 梦想少一点，计划多一点

考虑清楚有关自己理想职业的每一件事——从工作形式到工作环境，然后确定自己所追求职业的标准或目的。具体方法是：可把所追求的理想职业划分成尽可能短的各阶段。如果发现自己目前正在任一个低级经理，或只是一名记账员，您就必须寻找一条能帮助自己达到另一职位的晋升之路。您可观察一下是否能调到另一部门，或者先谋个较低的职务，然后找机会进修；最低限度，也要找出妨碍您日后晋升的不利因素。谨记，循序渐进是改变不称心工作的最好方法。

3. 发挥个性，张扬本色

工作步调不断加快，得失之间也变得鲜明无比，情绪的变化常让自己搞得头昏脑晕，稍有心态调整不当，就有可能落入情绪忧郁的恶性循环中。在自己工作情绪不好时，您可以通过各种方法来排遣它，跑到室外用自己不满的拳头在受气包上、在墙壁上、在小树上肆意打上几拳的时候，您的心情肯定会变得好起来。可以把自己的得失与朋友倾诉，特别是在坏情绪降临心头时，可以先做做深呼吸、伸伸懒腰，再去找一位知心朋友随便聊聊天，聊天之后您的低落情绪就会不知不觉地被迅速消除掉。多想想自己成功或者美好的时光，回忆过去的辉煌以及别人对自己的赞美，可以改善心中的郁闷。听听自己喜欢的音乐，也是放松自己有效的方法，轻松、明快的乐曲总能带自己到快乐老家，不管情绪有多不好，只要听一下自己喜欢的曲子，顿时就能感受到神清气爽。想办法暂时告别工作中的压力，轻松轻松，不仅便于自己发现生活中的乐趣，也能为再次做好工作鼓足干劲。

4. 把自己看做自由人

想象自己是个独立承包者，您的雇主是位大客户，然后合理分配您的时间，以达到不仅满足客户所需，而且还有余地从各方面发展自己的事业。例如，您的工作是负责起草各种报告式文件，用词的好坏，对您上司可能无关紧要；但对于您——一位独立承包人，您应认识到，您的措辞技巧可能会开辟一个全新的销售市场。表面上是取悦您的上司，实际是把您推到独立承包人的地位。

5．工作、娱乐两不误

有些人上岗工作只知道拼命干。一开始在晚上加1～2小时班，不久便整星期地加班，最后连周末也成了办公时间。实际上，工作成了霸占他全部光阴的蛮横宾客。这类人除了工作，几乎没有任何社交活动，这样时间长了，不免对自己的工作产生反感。

6．寻找工作外的成功

把自己的喜好和业余活动当做本职工作一样认真对待，并同样引以自豪。今天，许多人只把来自办公室的成绩看成真正的成功，结果这些人惟有事业上春风得意时才会沾沾自喜，而一旦工作遇到麻烦，就感到羞辱不堪。如果您把自尊也置于您的职业努力之外，工作中受挫时，就容易保持一种积极的态度。

7．改变对待他人的态度

如果您每天早晨一想到上班就害怕，部分原因大概是您与周围同事相处不好。虽然您不喜欢与他们一起工作，但最低限度，也应该和他们积极相处。当您在电梯里对人微笑时，别人也会报以微笑，在办公室也是如此。以礼相待是人的本性。与相互不理不睬的人，一夜之间就建立亲密关系是不现实的，但若您真诚地去改善关系，您的同事迟早会感觉到这一点。假如您对周围的一切都心存厌烦，包括厌烦您的工作、您的上司……您就更要用一种积极方式与人交谈，谈些您喜欢的事，至少您可能会找到与同事的某些共同点。

8．努力让环境“新鲜”

陌生的工作环境可以让自己感到好奇、兴奋、新鲜，什么事情都要跃跃欲试，不过逐渐熟悉了工作环境之后，这些心态将渐渐离自己远去，更多的是谨慎、见怪不怪、程序化地完成工作任务。长此以往，工作积极性自然下降。为此，您可以想办法为自己创造各种陌生环境，让自己好奇、兴奋、新鲜的心态永远存在，让自己感到永远充实；除了工作环境，您可以去外部开辟学习充电的各种不同环境，为自己的进一步发展充电加油，比方说，积极参加单位或者社会的相关培训，努力地争取在各种场合结识专业人士等。

9．合理调配自我

善于安排个人精力的人总是感觉到生活是轻松的，工作是愉快的。为了达到这种境界，您应该对所有的工作都作好计划，并在规定的时间内完成。工作结束后，要充分利用自己的闲暇时间，切忌将工作带回家做。对于个人的进展应该定期进行“标记”，以便让自己明白，目前已经完成了什么，还有什么工作没有完成；对没有完成的任务，应该规划好完成的时间，并在某段时间，合理分配自己的精力，从而使工作、学习、生活、娱乐尽量做到更加有效，而且能够很好地自我循环，自我提升。

哈佛人生箴言

厌职情绪会严重地影响到我们的工作和生活，我们应该学会消除厌职情绪，找回当初工作时的那个激情飞扬的自己。

第3讲　培养对工作的兴趣和热情

激情而投入地工作与麻木而呆滞地工作是完全不同的两个天地。用充满激情的心态去对待自己的工作，就可正确控制手中的时间，为公司创造出不同凡响的效益。麻木而呆滞地工作只能使自己的工作效率低下，渐渐地你会感到厌倦，最后只能被淘汰。

一个人如果对工作感到厌恶，对工作没有热忱和爱好之心，不能使工作成为一种喜悦，觉得工作是一种苦役，那么他一定不会有所成就。

3位砌砖工人在工作。

有人问："你们在做什么?"

第一位工人回答："砌砖。"

第二位工人回答："我在做每天赚10美元的工作。"

第三位工人则回答："你问我?我在建造世界上最伟大的教堂!"

这个故事虽然没有告诉我们这3位工人的结局，但我们能猜出在以后的岁月里，他们会有什么样的变化。很可能，头两位工人仍然是砌砖工，他们缺乏远见和想象力，他们缺乏对工作的尊重。没有什么能推动他们去获得更大的成功。

那位认为自己是在建造一座世界上最伟大的教堂的工人，不会仍然是一名砌砖工，或许他会成为一个工头或承包人，或是一位建筑师。他会不断地前进和得到升迁。

第三位砌砖工的话说明他对工作的看重与热爱，显示出他发展的巨大潜力。

通用电气公司的最高主管韦尔奇连续数年被英国一份杂志评为最受推崇的企业家，他把通用电气公司由一家庞大僵化的企业变成了"最具竞争力的企业"。

一次，韦尔奇找一个部门的主管来开会，在韦尔奇心中，这个部门虽有盈利，但还可以表现得更好。韦尔奇提出了自己的看法，但那位主管不大了解他的意思，只是一味地说："请看看我的收益，看看我的投资回报率，我选用的人，我做的事……"韦尔奇希望这位主管能明白他只是希望他对工作再多一点激情，再投入一点，这样就更有利于控制时间，提高效率，但这位主管仍一头雾水。

最后，韦尔奇干脆给他一个建议："我要你做的，就是休假一个月，放下一切，等你再回来时，变得就像刚接下这个职位，而不是已经做了4年。”

事情的发展果真如此，那位主管回来后精神焕发，把时间安排得井井有条，部门效益也明显提高了。韦尔奇通过这种措施，不但使各部门员工增强了工作的积极性，用饱满的精力去投入到工作中，又大大地节约了时间，取得了丰硕的成果。

在任何情形之下，你都不可以对工作产生厌恶感。若你为环境所迫，只能做些无趣的工作，你也要努力设法从这乏味的工作中找出些乐趣、意义来。要知道只要是应当做而又必须做的工作，不可能是完全无意义的。这由你对待工作的精神状态好坏而定。良好的精神，会使一切工作都成为有意义、有趣味的工作。

无论什么工作，只要是为社会所尊崇的，都具有无上的神圣性。只要是有利于人类的工作，都不是卑贱的、可耻的。只要聚精会神，工作上的厌恶、痛苦的感觉，就会消失。

人可以通过工作来学习，可以通过工作来获取经验、知识和信心。你对工作投入的热情越多，决心越大，工作效率就越高。当你抱有这样的热情时，上班就不再是一件苦差事，工作就变成一种乐趣，就会有许多人愿意聘请你来做你所喜欢的事。工作是为了自己更快乐！如果你每天工作的八小时，好像是在快乐地游戏，这是一个多么合算的事情啊！

如果一个人不能从工作中找出乐趣，那不是工作本身枯燥的缘故，而是他自己不懂得工作的艺术。这是一句至理名言：一个人对于工作感到没有兴趣或苦闷，都是由于他自己的缘故，并不是工作本身所造成的。

人生下来就要去做一名竞争的选手。当你加入这种盛大的竞赛中，你的对手到处都是，没有一样事情不是竞争的项目。应该把生活、事业看做是一种永远的战斗，每天都要克服种种困难，每天早上，一睁开眼睛，就能看见胜利的机会，它们随时能让你获取胜利，只要你不放弃竞赛的权利！

你的生活是愉快或是苦闷，完全操纵在你的手里，任你选择。利用愉快的心情应付繁重的工作，能使你的工作产生惊人的效果，紧紧抓住升职的机会，去“玩”一下，看看你是否有取胜的能力。

哈佛人生箴言

若你认为你的工作是乏味的，那你厌恶的心理、厌倦的念头，就会导致你的失败。乐观的、积极的、热忱的心理，才是吸引成功与幸福的磁石。

第4讲　聪明人忙在点子上

忙碌并不代表敬业，效率才是最重要的。整天的忙碌只能代表你是一个知道勤奋的人，却不是一个聪明的人。聪明而又勤奋，才能成就一个人的梦想。

很多人都喜欢把自己打扮成很忙碌的样子。有时候他们甚至为了把工作干得更好些，于是他们把工作带回家，或是在办公室加班加点，这样一来，老板觉得他们努力，同事感到压力，他们自己觉得生活不规律。他们可能心想，看我多努力，看我多勤奋，看我多敬业，可是最终的结果很可能是工作既没有做好，又透支了自己的健康。的确，加班其实并不能说明你的敬业精神，很大程度上却是浪费了大量的人力、物力和财力。

有个伐木工人在一家工厂工作。因为待遇优厚，工作环境也不错，伐木工人很珍惜这个机会，决心要认真努力的干活，做一个敬业爱岗的人。

这天，老板交给他一把锋利的斧头，划定一个伐木范围，让他去砍伐。这个工人非常卖力，一天就砍了18棵树，老板相当满意。他对这个工人说："非常好，你要继续保持这个水准。"

工人听到老板这样称赞自己，非常开心，第二天就工作得更加卖力。但是，不知道为什么，这一天他只砍了15棵树；第三天，伐木工人为了弥补昨天的缺额，更加努力地砍伐，可是这天他却砍少了，只有11棵。

伐木工人感到很难为情，他跑到老板那里道歉："老板，真是对不起，不知道为什么，我的力气越来越小了，砍树砍得也越来越少了。"

老板温和地看着他，问："你上一次磨斧头是什么时候？"伐木工人望着老板，诧异地问："磨斧头？我每天都忙着砍树，根本没有时间磨斧头啊！"

看到这里，我们都已经明白为什么伐木工人的伐木速度越来越慢，因为他太忙了，没有时间学习和研究砍伐的技术，没有时间保养砍伐的工具。

一位著名的企业老总说过这样一段话："我的员工中最可悲也是最可怜的一种人，就是那些只想获得薪水，而对其他一无所知的人。"多花点时间准备，多费点工夫增强实力，一切才能在你的掌控之内。

所以说，不多花点时间去好好琢磨一下自己在工作能力上面的欠缺，不好好总结自己的不足，充实自己，那么做起事情来只能是事倍功半。有一句话说得好：有舍必有得，有得必有舍；不舍不得，小舍小得，大舍大得。如果舍去了健康，透支了青春，工作又有什么意义呢？

敬业，不一定要永远埋头苦干。像老黄牛一般勤勤恳恳的精神值得提倡，但也不必一味地委屈自己做幕后英雄和那种吃力不讨好的事，在适当的时候以得体巧妙的方式，让领导知道你如此敬业，那不是更好？

为了工作而牺牲健康，早已不是现代人所提倡的敬业方式。合理安排时间，工作健康两不误，这样的敬业才不至于成本太高。别让工作占据了你所有的时间，懂得生活的人才更有激情工作。所以，我们强调"敬业"是说每个人都应该对工作怀有高度的责任感，而不是号召大家都成为"工作狂"。

哈佛人生箴言

对于职场中的人来说，不要整天一头扑在事业工作上，多有空抽出时间来调整一下自己，明晰一下方向，理顺一下态度，改变一下方式，有时候，可能会起到事半功倍的效果。

第5讲　你做日程进度表了吗

让我们晕头转向的并不是工作的繁重，而是我们没有搞清楚自己有多少工作，该先做什么、后什么。很多人工作一天忙到晚，而且经常还要加班。

我曾专门同许多大公司的职员谈过话，据我的分析来看，十之八九的加班纯粹是没有必要的，是人力资源的白白浪费。

在现代企业里，一个人的工作并非是孤立的，所以必须要有一种整体感和大局观，这就管理层在制定日和进度表的时候，要将进度表定位在所属部门，公司全局，乃至各界的动向上，才能掌握好管理的方向盘。

我曾无数次地告诉过我的学员说：让我们晕头转向的并不是工作的繁重，而是我们没有搞清楚自己有多少工作，该先做什么，后做什么。

有些人的办公桌上，堆满了可能几个星期都不会看一眼的文件。一家生活时报的发行人有一次说，他的秘书帮他清理了一张桌子，结果发现了一部两年来一直找不着的打字机。

光是看见桌上堆满了还没有回的信、报告和备忘录等等，就足以让人产生混乱、紧张和忧虑的情绪。更坏的事情是，经常让你想到“有100万件事情待做，可是没有时间去做它们”，不但会使你心烦得感到紧张和疲倦，也会使你心烦得患高血压、心脏病和胃溃疡。

著名诗人波德写过这样一句话：秩序是造物者的第一法。

我们要说：条理是工作的第一条法则。著名的心理治疗家山德尔博士，就用这一简单的法则，教会了一家公司的高级主管，如何才能使工作有条理。

那位主管第一次去见萨特瑞时，整个人充满了紧张、焦虑和郁闷。他工作繁忙，并且知道自己的状态不佳，但他又不能停下来，他很需要帮助。当这位病人向医生陈述病情时，电话响了，电话是医院打来的，医生在电话中说他马上就解决。电话刚挂上，又响了，又是件急事，医生又费了一番口舌去解释。接着有位同事进来向医生询问有关一位重病患者的种种事项，等萨特瑞说完，就向这位病人道歉，说让他久等了。但病人却很愉快，脸上出现了一种很特别的表情。病人说，不用道歉，在这10分钟里，他似乎明白了自己有什么地方不对了。并且告诉医生他得马上回去改变一下自己的工作习惯，还要求在临走前要看一看医生的办公桌。萨特瑞医生拉开桌子的抽屉，除了一些文具外，没有其他东西。

主管问医生要处理的文件都放在什么地方，医生告诉他，自己要处理的所有事项都处理完了，连信件也回复了。

六个星期之后，那位主管把山德尔博士请到他自己的办公室去。他整个地改变了，他的办公桌也不一样了。他打开办公桌的抽屉，抽屉里不再有还没有做完的公事。“六个星期以前，”这位高级主管说，“我在两个办公室里有三张写字台，把我整个人都埋在我的工作里，清出一大车子的报表和文件。现在我的工作只需要一张写字台，事情一来马上就办完。这样就不再会有堆积如山没有做不完的公事烦恼我，让我紧张和忧虑。可是，最让我想不到的是，我完全恢复了健康，我现在一点病也没有了。”

白吉尔是美国最成功的保险推销员之一，他不会等到早上5点钟才计划他当天的工作，而是在头一天晚上就已经计划好了。他替自己订下一个目标，订下一个在哪一天要卖掉多少保险的目标。要是他没有做到，差额就加到第二天，依此类推。

一个人不可能总按事情的重要程度来制定日程进度表。可是，按日程进度表做事，绝对要比随兴趣所至去做事好得多。

已故的霍华说，当他在美国钢铁公司任董事的时候，开董事会总要花很长的时间，在会议里讨论很多很多的问题，达成的决议却很少。其结果是，董事会的每一位董事都得带着一大包的报表回家去看。

最后，霍华先生说服了董事会，每次开会只讨论一个议题，然后得出结论，不耽搁、不拖延。这样所得的决议也许需要更多的资料加以研究，也许有所作为，也许没有，可是无论如何，在讨论下一个问题之前，这个问题一定能够达成某种决议。结果非常惊人，也非常有效。所有的陈年旧账都清理了，日历上干干净净的，董事也不必再带着一大堆报表回家，大家也不会再为没有解决的问题而心烦。

日程进度表无疑是很重要的，因为它可以有效规划出该用的时间和该做的工作。只要你具备了制定日程进度表的能力，不但工作能够顺利完成，而且逢着假日，你的生活也会充满条理和生机。

尽管假日有点见长，但如果你的动作稍慢一点，马上就会觉得日上三竿了。如果午餐再喝点酒，喝得朦朦胧胧睡会儿午觉，又已日近夕阳了。

如果能够制定日程时度表设定进修时间、休闲时间、与家人沟通的时间等等的话，自己和家人都将因此取得默契，步调一致。此外，通过与家人的沟通了解，不但得以减轻日常生活的紧张压力，而且能够涌现新的活力。

这种做法将不知不觉地对全家人的生活习惯带来重大的调整，使全家成为一个和谐的整体。

下面看看常见的周末假日行程表安排。周末假日一般是指从周六早上到周日晚间这一段时间。不过，如果想要利用周末假日充分争取时间从事自我启发，这样做是远远不够的。严格地说，周末假日是指从周五晚间到周一早上为止的时间，按照这种算法，就有将近三天的时间可供周转，因此要把它当作一个有机的整体时段来加以熟练对待。

如果这样，那么周五晚上就变得非常重要，甚至可以说是那两天的基础。举例说明，要是周五晚间出去痛饮迟归，那么一定会影响到星期六，因为等你起床，可能已经是星期六的中午时分了。

周六和周日，虽然可以平日起得稍微晚一点，但基本上还是要保持早起，因为只要一有断开，那平时的坚持就有可能付之东流。

要坚持和家人一起共进早餐，让他们有一种家庭温暖感。要将周六、周日的上午定为主要的进修时间，不足的部分就排入周六、周日的晚间，周日晚间不排计划只管就寝的话，周一早上提前起床也可以。反正，周末三天计划成功与否，主要就是看度过周五晚间的方法。但是，周末假日必须要把工作抛诸脑后，好好利用难得的时间调剂身心，为下星期作准备，尤其进行工作心理准备。即使是在和家人共享音乐的时候，也可以边听边在纸上列出下周的工作和想做的事。然后按先后的时间顺序依次排入行程当中，并在第二天早上坐车途中重新加以修订，做到心中有数，办事不慌。

哈佛人生箴言

要尝试做日程进度表，使原本零乱不堪的各种预定计划，显得井然有序。如果能够做到这一步的话，自己将会发现整个人的思维规模逐渐扩大起来，无论自己身居何种部门，都能使工作效率进一步提高。

第6讲　紫罗杉现象：让工作更高效

在自然界，最雄伟的植物当属美国加利福尼亚州的紫罗杉。它的高度大约为90米，相当于30层楼那么高。

按照常理，那些根扎得不深的高大植物，通常是非常脆弱的，只要一阵大风，就能把它连根拔起。因此越是高大的植物，它的根扎得越深。但是紫罗杉的根只是浅浅地浮在地面。

原来，紫罗杉是群生植物，常是上千万株紫罗杉生活在一起，而且这大片的紫罗杉彼此的根紧密相连，一株连着一株。自然界中再大的飓风，也无法撼动成千上万株根部紧密相连、上千公顷的紫罗杉林。

一株连着一株的紫罗杉林给予了希尔这样的启发：高效率的工作不能只靠自己的强大，还需要借助团队的力量。因此，一个高效的行动，个人的力量薄弱一些可能无关紧要，重要的是要懂得借助团队的力量。

20世纪60年代中期，日本经济迅速发展，成为世界经济大国，本土企业的国际竞争力也跃居世界前列。为探求日本经济奇迹的秘密，以美国为首的西方国家对日本企业展开了深入的研究。

研究发现，如果以日本最优秀的员工与欧美最优秀的员工进行一对一的对抗赛，日本的员工多半不能取胜；但如果以班组和部门为单位进行比赛，日本总是会占上风。

原来，欧美的企业是由少数人来主导的，工作由上级以命令的形式发布。在个人主义盛行、鼓励个人奋斗的欧美社会，组织内经常会发生内耗，无法发挥最大的合作功效。而在日本的企业中，很注重“团队战略”，注意调动员工的能动性，培养协作精神，所以企业的绩效得到了很大程度的提升。

德国哲学家歌德说：“我不应把我的作品全归功于自己的智慧，还应归功于向我提供素材的成千成万的事情和人物。”卢瑟福也说：“科学家不是依赖于个人的思想，而是综合了几千人的智慧。所有的人想一个问题，并且每人做它的部分工作，添加到正建立起来的伟大知识大厦之中。”

一个人再完美，也就是一滴水；一个团队、一个优秀的团队就是大海。一个有高度竞争力的组织，包括公司，不但要求有完美的个人，更要有完美的团队，团结合作。

通过合作高效率地工作，创造伟大成功的典范举目皆是。比尔·盖茨带领的微软团队更是才用了“团队战略”，其效率更是让人叹为观止。

向世界正式推出Windows95产品时，微软进行了一场声势浩大的市场推广活动，它整合了营销中的各个层面，包括：公共关系、名人背书、事件行销、广告和零售刺激。所有的活动都体现了微软营销部门和所有参与这次活动的其他公司的统一团队精神。

如此一场声势浩大的市场营销传播活动需要投入大量的物力、财力和人力，一个团结、步骤协调一致的团队在其中所起的作用显而易见。120多家公司受雇于微软，在这次大型的市场推广活动中出谋献策，制定有效策略并执行，为这次活动的成功做出了巨大的贡献。几千人组成的团队参与了这场新产品推向世界的市场营销活动。组成人员中包括微软的高层管理人员、公司外部的软件销售商和当地的零售商。一个由60人组成的公司营销团队专门从事整个活动的协调工作。每一个微软产品部门则专门负责制定和执行自己的促销计划。当地的零售商为了配合推广活动，专门在午夜过后开店，开店时间持续95分钟，吸引了众多媒体的注意力。

很快，Windows95被全世界的人所接受，微软创造了推销史上的奇迹。可以说，没有微软各个部门、各个层次员工的共同协作，就不可能有Windows95成功的上市。

我们知道，独行侠的时代早已结束，激烈的社会竞争并不排斥合作。大凡成就丰功伟绩的高效率人士都懂得军团作战的巨大力量。只有懂得共同协作，高效率军团作战的人才能在竞争中保持不败的境地。

成功人士都懂得团队的重要性，他们善于与人合作，因为他们知道一个人是无法孤立生存的。所以，要想获得成功，你就应该集思广益。拿破仑·希尔深谙其道，所以在工作中懂得利用团队的力量集思广益。

哈佛人生箴言

只有充分地融入到整个组织、整个团队中去，潜能和才干才能得以充分的发挥，才能创造最大的效益，干出大的作为，取得巨大成功。

第7讲　成为老板需要的人

在任何一个公司里，个人的成功都是建立在团队成功之上的，没有公司的快速增长和高额利润，我们谁也不可能获取丰厚的薪酬。而公司的成功意味着老板的成功，也意味着员工的成功，也就是说，你必须知道，只有老板成功了，你才能够成功。老板和员工就是“一荣俱荣，一损俱损”的关系，认识到这一点，你才能端正自己的工作态度。

这样，员工就不难明白，自己的使命是帮助老板完成他(或她)的现实目标，也就是追随老板的目标。然而，这些目标究竟是什么目标?有的时候，答案简洁明了，可有时，你不得不做一点更深层的挖掘。

汤姆是一家纺织公司的销售代表，对自己的销售纪录引以为豪。曾有几次，他向他的老板琼斯解释说，他如何如何卖力工作，劝说一位服装制造商向公司订货。可是，琼斯只是点点头，淡淡地表示赞同。最后，汤姆鼓起勇气，“我们的业务是销售纺织品，不是吗?”他问道，“难道您不喜欢我的客户?”

琼斯和他的态度一样，直视着他，答道：“汤姆，你把精力放在一个小小的制造商身上，可他耗费了我们太大的精力。请把注意力盯在一次可订3000码货物的大客户身上!”汤姆得到信息后，他把手中较小的客户交给一位经纪人。虽然他只收到少量的佣金，但更重要的是：他正在努力实现他的目标——找到主要客户。

和老板的目标一致，才能得到老板的重用。

一位负责家用电器连锁店的副经理，她和她的老板都认为：如果扩大连锁店的经营规模，生意便可扩大2倍。但老板还是有些犹豫疑不定，因为老板还难以确定经营管理的前景，即规模扩大能否带来适当的回报。在一次地区销售会上，这位副经理兴奋地说：“工作开展得不错，连锁店生意兴旺。多数经理们也许常常抱怨不能把所有商品和用户塞进如此狭小的空间，而我们，上周几乎把电视机直接从运货车上卖掉。如果有更大的地方，我们的销售额一定会增长，我们是在现有的条件下全力以赴进行工作的。”几周之后，老板为她所在的连锁店增加了一间侧厅。正如预计的那样，销售量迅速增长，老板对她的杰出业绩给予了高度评价。

杰克是一位国际市场部总经理助理。他接到了一项紧急任务，根据老板的笔记，准备好业务进展曲线图表。起草图表时，他注意到老板写道：“美元坚挺，则出口就会增加。”杰克知道，事实恰恰相反。于是，便通报老板，告知已经纠正了这一错误。老板很感谢杰克发觉了他的疏忽。当第二天向上呈报未出丝毫纰漏后，老板对杰克做出的努力再次道谢，不久，杰克发现自己的薪酬有所增加。

老板并非全才，在工作中他会遇到许多难题。这些难题也许不是你的分内工作，可是这些难题的存在却阻碍着团队的前进，如果你能够帮助老板解决这些难题，无疑，你在成功的路上会进展得更快。

卡尔是哈佛管理学院的部门助理，他的上司罗格负责管理学生和教职员工。极其糟糕的签到系统使学生们常常因还未上课就被记名，许多班级拥挤不堪，而另一些班级却又太小，面临被注销的危险。意识到罗格承受着改进学生签到系统的压力，卡尔自告奋勇组织攻关，负责开发一个新的体系。老板高兴地同意了他的意见，于是这个攻关小组开发出一个大有改进的系统。对卡尔开发并成功地完成了这套系统，罗格给予了高度赞扬。之后的一次组织机构改组中，罗格升任了主任，随即，卡尔被提升为副主任。

一般说来，时刻和老板保持一致并帮助老板取得成功的人，往往最终会成为公司的中坚力量，自己也会成为令人艳羡的成功人士。而且公司有一个特点，它的管理性质是不同于一般行政机关的。在行政机关中，主管的更调会影响人事的升迁，你跟这个主管处不好，也许跟另一个主管会处得很好，对你的前途影响不会太大。公司就不同了，真正掌人事大权的是老板自己(规模大的企业也许稍有不同)，而老板是不可能更换的，除非老板把生意做垮了。

因此，在这种情形下，如果你想在某个公司求发展，你一定要争取这个公司老板对你的好感和赏识，否则，你永远不可能受到重用。要想使老板欣赏你，当然要从日常言行、工作中去求表现。那么，你的言行、工作如何才能达到老板欣赏的标准呢?这就得从留心观察老板的个性、作风，经常从自我检讨、自我反省做起。

这番话，也许有很多青年人听不进去:“一个人工作是靠自己的能力，何必看别人的脸色?”这种工作态度，用之于研究学问、研究技术，也许没有错，但在工商界一定行不通。

为什么呢?这道理很简单，老板的个性、作风，是决定公司型态、管理方式的惟一因素。例如老板是个保守型的人物，如果当员工的表现得过分标新立异、冲劲十足就会引起老板的戒心，不敢重用你。因为他是以自己的观念来衡量公司的存亡以及资金的安全运用，不会任凭当员工的摆布。简言之，老板不喜欢改革的事、冒险的生意，当员工的想在这些方面表现自己，就是吃力不讨好。如果你再不知检点，乱发批评，就准备换个地方干吧!

在国家机关工作，你还可以理直气壮地说:“我是在为国家做事，只要是对的，我就可以坚持。”但在私营公司做事，就决不能表现这种性格，因为你是在为老板做事，应该以老板的目标为目标，贡献出老板所需要的能力，否则，你的能力再强，也不会受到欢迎。

因此，当你进入某一公司之后，你一定要先了解这个公司的风格以及老板最重视的是什么，然后在工作中随时检讨自己，以适应老板的要求，塑造自己的工作型态。

哈佛人生箴言

当你进入某一公司之后，你一定要先了解这个公司的风格以及老板最重视的是什么，然后在工作中随时检讨自己，以适应老板的要求，塑造自己的工作型态。

第8讲　忠诚是员工的第一美德

人类世界和动物世界有许多相似之处。在蜜蜂的世界里，有着森严的等级秩序。蜂王永远是高高在上的，所有的工蜂必须忠诚于自己的统帅。因为，蜂王有着对于整个蜜蜂世界来说最重大的责任，那就是繁衍后代。为此，所有的工蜂都必须任劳任怨地供养着蜂王，忠诚于蜂王，只有这样，才能确保整个蜜蜂世界的和谐统一。

从某种意义上说，这个世界就是一个游戏的世界，你要加入某一场游戏，你就必须遵守游戏的规则。因为，世界需要秩序。你也可以不遵守规则，不过，你的代价就是被淘汰出局，因为你丧失了参加游戏最起码的资格。这个看起来很温和的世界，有时也很残酷。

一个充满战斗力的集体，必定是一个有严格秩序的集体，因为只有这样，才能确保行动的一致性和协调性。对于任何一个团队，必须有一个核心，这是确保一个团队不涣散的根本所在。第二次世界大战时美国著名的将领麦克阿瑟曾说过:“士兵必须忠诚于统帅，这是义务。”对于核心的忠诚，是整个团队实现自己目标的关键因素。因为忠诚，就会形成巨大的合力，就会无坚不摧，战无不胜。

对于一个公司而言，员工必须忠诚于公司的领导者，这也是确保整个公司能够正常运行、健康发展的重要因素，但前提是领导者必须是值得忠诚的，如果公司的领导者自私自利，利用公司为自己谋私利，这样的领导者就不值得忠诚。

我们倡导员工的忠诚，但员工的忠诚和士兵的忠诚是不一样的，士兵的忠诚是绝对的，士兵必须忠诚于统帅，因为统帅代表着国家。员工的这种自下而上的忠诚对于公司来讲也是必须的，但是并不是无条件的、绝对的和盲目的。员工忠诚的是一个对自己的生存、发展、自我实现有助益的领导者，一个对公司有责任感的领导者，一个能够担当得起公司生存和发展重任的领导者，一个能够让公司健康运行的领导者，一个关心员工能够为公司奉献的领导者，一个有公司家精神的领导者。对这样的领导者忠诚是有价值的，也是值得的。因为这样的领导者不会辜负员工的满腔忠诚。

不论一个团队承担何种类型的工作，团队成员必须首先明确对所要完成的任务负有共同的义务和责任。而且，在完成任务的过程中有义务忠诚于自己的团队，这是确保任务有效完成的一个前提。但是，由于受到各种因素的影响，这种自下而上的忠诚受到了严峻的考验。

现代公司的生存所面临的压力越来越大，其中一个主要的方面就是来自于人才的频繁流动。这种高流动率，被一些管理理论家认为是忠诚度下降的一个表现。虽然每个人都有权利寻求自己最合适的工作以及最佳的工作环境和工作状态，但这的确为公司的发展带来了不少的负面影响。甚至有些人为了某些利益，不仅到竞争对手那里工作，而且带走了原公司大量有价值的资料。这不仅极大地损害了公司的利益，而且还伤害了公司其他员工的情感，严重地影响了其他员工正常工作的心态。

一家著名公司的人力资源部经理说："我最担心的一件事情就是，我们辛辛苦苦为企业培训的员工，转身他就'跳槽'了。"一些企业领导者认为，他们不愿意录用一些频繁"跳槽"的人，他们认为频繁"跳槽"的人不成熟，他们不知道自己究竟应该做些什么，做什么更适合自己，或者说他们根本没有给自己一个准确的定位，这样的人恐怕自己的公司也留不住，不如不用，免得双方浪费精力。

一位人力资源部经理说："当我看到申请人员的简历上写着一连串的工作经历，而且是在短短的时间内，我的第一感觉就是他的工作换得太频繁了，频繁地换工作并不能代表一个人工作经验丰富，而是更说明了一个人的适应性很差或者工作能力低，如果他能快速适应一份工作，就不会轻易离开，因为换一份工作的成本也是很大的。"

"这样频繁'跳槽'的人，不能给人一种安全感和信任感，一个什么工作都做不长久的人，让人想到不会是公司的问题而是他个人的问题。第一，他的工作能力值得怀疑；第二，他对企业的忠诚度值得怀疑；第三，我不能肯定他会在我的公司做得长久。所以这样的人，我们在录用时顾虑就比较多。”

这里并没有认为频繁“跳槽”的人忠诚度一定低，但是，频繁“跳槽”的确会给人一种不太好的感觉。

员工对公司的不忠诚，不仅对公司的负面影响是相当大的，同时也会影响到他个人的道德信度，没有哪个公司的老板会用一个对自己公司不忠诚的人。有的公司老板可能会用一些利益诱惑一些人背叛自己的公司来进行非正常的竞争，当你对他的价值实现了之后，他肯定不会像当初许诺你的那样，因为他开始怀疑你是否也会为了更多的利益出卖自己的公司。你以为你会得到很多，其实你失去的会比你得到的更多，而且你失去的将永远找不回来。

“我们需要忠诚的员工。”这是老板们共同的心声。因为老板们知道，员工的不忠诚会给公司带来什么。面对种种诱惑，忠诚在今天显得更加可贵。这种自下而上的忠诚，做到了，就可以壮大一个公司，做不到，就可能毁了一个公司。

对公司忠诚并不代表一辈子不离开，只能在一家公司工作。员工的忠诚首先应该是对事业的忠诚，对自己专业的忠诚，如果他对事业忠诚，他就会很有责任感地把他该做的事做好。其实，市场竞争就是提供人才实现自己价值的机会，如果这家公司不是实现你自己价值的平台，你当然可以去寻找更好的，但是有一点要记住，不可以违背市场游戏的原则，不可以把一家公司的利益作为你到另一家公司工作的条件，这是对游戏规则的破坏，也是“跳槽”之大忌。

哈佛人生箴言

“我们需要忠诚的员工。”这是老板们共同的心声。面对种种诱惑，忠诚在今天显得更加可贵。这种自下而上的忠诚，做到了，就可以壮大一个公司，做不到，就可能毁了一个公司。

第9讲　合理授权，解放自己

在管理学中，权力是最有效的魔杖，是一个团队建存的基础。在职场中，很多人希望拥有更多的权力，因为对个人而言，拥有权力，是他人的一种信任、认可和尊重。所以，哪怕是一个最不上进的员工，对权力多多少少都会有一定的渴望。

一个好的领导者，不仅要懂得行使权利，还要会分配自己的权力。他们会利用员工对权力的渴望心理（当然，本质上是渴望认可和尊重），将权力适当地非给那些值得信任和尊重的员工，让大家都积极开动脑筋，用团队的整体力量战胜一个个尖锐的困难。所以，我认为："一个好的领导者，不仅要懂得行使权利，还要会分配自己的权力。"

撒乌丁·德威治是英国著名的德威治公司的第三代董事长。在正式掌管德威治公司之后，撒乌丁一直坚持实行一种"恺撒式"的面面俱到的经验管理模式，对公司行政财务各方面的大权采取绝对控制。公司的所有主要决策和许多细微决策都得由他独自制定：所有支票都得由他亲自开；所有契约也都得由他签订；他亲自拆信复函；一个人决定利润分配；他甚至亲自周游欧洲各国，监督公司的好几百家经销商。

撒乌丁为了把公司发扬光大，可谓尽心尽责，但这样的管理方式却使德威治公司的组织结构完全失去了弹性，根本无力适应随时可能发生的变化，在强大的竞争面前，公司连遭致命打击，几乎濒临倒闭边缘，而且也使他本人深深地陷入到了公司错综复杂的矛盾之中，心力交瘁，不能自拔。

撒乌丁年仅55岁就因长时间的体力严重透支突发心脏病，不得不遗憾地离开了他心爱的事业。

任何人的时间总是有限的，领导也不例外。领导者要是不善于清点和梳理手中的权力，分不清事情的轻重缓急，事必躬亲，独自一人在公司里大包大揽。结果，在盲目的忙碌中忘记了自己的角色，将大部分时间和精力无休止地消耗在本该下属处理的事情上，不仅荒废了事业，甚至于连自己的生命都不能保全。

路西·明勒多是欧洲最富有的人之一，他拥有维纳路西控股公司。公司总部在荷兰，经营能源和消费品，1995年的销售额为一百一十亿美元，收入为三亿一千五百万美元。在过去的几年里，由于路西·明勒多新的用人方式，公司的这两个数字都增加了几倍，现在公司的收入估计为三十亿美元。

路西·明勒多的用人观念是：信任属下，充分授权，他们会发挥巨大能量，成为真正的英雄。在他看来，给下属一些权力，他们就会展翅飞翔。

秉承这样的观念，维纳路西公司大胆地进行了权力下放。以前，这是一个大的跨国公司，在世界各地的分公司的管理人员，主要任务是执行总公司的决定。结果是大家对于具体的执行过程和执行结果都不是太重视，每个人都认为这不是自己的责任。为改变这种状况，路西·明勒多把百分之九十的革新、创业和成功的责任都交给了分公司的领导，总公司只承担百分之十的责任。

在分权的同时，路西·明勒多表现出了对员工的充分信任。在他看来，让员工们独当一面是非常重要的，员工中有非常精明强干的人，这些人有强烈的取胜心，不需要对他们指手画脚。他认为："他们是真正在赚钱的人，你可以向他们提问，但是他们需要自己去摸索，而不需要别人去为他们安排。"

他总是充分表达他对员工的信任，有时当他收到某个部下请求帮助的信或备忘录时，他总是在后面写上自己的意见，同时加上一句"我也认为这个问题很棘手，祝你成功。"

结果每个分公司都激发出了数倍于以前的积极性，每个具体的领导都把如何让本公司有最大发展看成自己的而不是他人的责任。每个独当一面的人都能充分发挥自己的才能和创造力，其他人也因向往这种独当一面的机会而努力工作，争取引得注意获得机会。

面对一个庞大的集团，任何一个有能力的领导者事事亲躬也是分身乏术了，只有授权他人，不仅能更有效地管理好，更能让自己从繁琐的事情中解放出来。所以，我认为，领导者者一定要善于采取分权的措施，把庞大的业务分给不同的人和部门去管理。当然，我提倡的分权措施不是简单地把权分下去，“分权”有两个前提条件：第一，把权力分给值得信赖的人；第二，给予部下的不仅仅是信任和权力，还有随时为手下承担责任的心理准备。

领导者有了信任和为部下承担责任的准备，部下就能充分发挥自己的能动性，这种能动性在关键时刻起了重要作用。

古罗马法典上曾规定：“行政长官不宜过问琐事”。合理授权有利于激发下级的工作积极性、主动性和创造性。所谓分工授权，即大权集中，小权分散，把职务、权力、责任、目标四位一体授给合适的各级负责人，这是用人的要诀。管理界有句话：“有责无权活地狱。”把权力授予敢负责任的下属，对人是人尽其才，对管理是提高效能，这才是有效的领导者。所以，管理学者卡尼奇曾说：“当一个人体会到他请别人帮他一起做一件工作，其效果要比他单独去干好得多时，他便在生活中迈进了一大步。”

哈佛人生箴言

在生活中，我们不难发现，一个领导，如果任何事都要亲自定夺，而不给部下任何独当一面的机会，那下属势必就没有了办事的积极性，而领导者本人也势必焦头烂额、无比劳累。

第08课

德里克·博克教授关于“人生挫折”的讲座

——失败是成功的垫脚石

在成功的路上常会遇到各种障碍或挫折，遭遇很多困难或失败。有人因不幸畏缩不前，因苦难心灰意冷，所以他们成了失败者；有人不怕失败、敢于直面失败，所以他们成为成功的人。所以，德里克•博克坚信：一个人的命运是把握在他自己手里的。

德里克·博克(Derek Bok，1930~)是美国当代著名教育家，是活跃在当代美国高教界中最杰出的教育思想家和活动家之一。他于1954年毕业于斯坦福大学，1961年获哈佛大学法学教授，1968~1971年任哈佛大学法学院院长，1971~1991年任哈佛大学校长。在担任哈佛大学校长期间，他锐意进取，积极改革，苦心经营，创造了哈佛大学的一个新的光辉时代。与此同时，博克不断总结哈佛大学的办学经验，阐述自己的大学思想和主张，形成了较为系统的高等教育思想体系，先后撰写了《民族的国家》(1970)、《与核武器共存》(1983)、《走出象牙塔》(1984)、《美国高等教育》(1986)、《与哈佛学者的对话》(1991)、《政府的难题》(2001)等著作。博克独到的观点和深邃的思想使其成为饮誉学坛的学者。

第1讲　人生没有定局，一切都有可能

世上有很多科学家、名人，他们之所以会成功，其中一部分是源于一场梦、一个梦想，他们由这个梦得到了启发，从而进行研究、推理、探索，终于有了重大的发现与发明，因此而功成名就。还有一些人，一生过着无人知晓的生活，仿佛是阴暗地洞中的老鼠，没有人去注意他，更没有人在乎他存在与否。有想法就要去做，要做就要努力，要是你努力了，必定会让梦想变成现实，在人生的道路上创造一片辉煌！一个人有了自己的梦想，才会不断地向各自的那个方向一步一步地迈进。梦想与现实是对立的，没有梦想何来的现实！梦想最大的意义是给予人们一个方向，一个目标。如果只把梦想当作一场梦，那么这样的人生可以说没有什么亮点。

梦想使人伟大，人的伟大就是把梦想作为目标来执著地追求！梦想使生活中的一切皆有可能。每个人的一生，都是机缘暗藏，玄机四伏。只是当时的我们茫然不知——“只缘身在此山中”。人生就像一个旅程，途中布满了分支和岔道，向左还是向右，需要我们不断地选择和判断。选择了左岸，你就失去了右岸的风景；选择了荒漠，必定失去姹紫嫣红。生命因为选择充满了无限可能，然而只要我们有梦想，并不断地为实现梦想而努力，用飞扬的激情，去迎接生命的无限可能。生命中，没有不可能！许多时候，超越自己的无限可能，我们就是可能的！

人因为梦想而伟大，从某种角度而言，人类历史就是产生梦想并实现梦想的历史。梦想不是在睡梦里才想，而是胸怀壮志，利用每一次的积极

行动去积累，梦想的伟大之处不在于是否成功，而在于孜孜不倦的态度、义无反顾的精神和坚持不懈的品质。

世上惟有一种财富是我们与生俱来的，只要你想要就一定会拥有，这就是梦想。做一个有梦想的人或许不一定会快乐，但是做一个没有梦想的人一定会很痛苦，因为你的人生才刚刚开始，而你却茫然不知所措。人类史上的拓荒者都是赋予文明精神的梦想家，他们的精神也正是梦想的血髓命脉所在。为了要发展出自己的天赋潜质、并且以之生财，为了要抓住你我的机会，我们都必须有拓荒者承先启后继往开来的精神。

如果你想做的事是对的，而你相信它，那么就放手去做！让你的美梦，别因为一时不如意，就去理会“他们”怎么说，因为“他们”说不定还不晓得，每一件失败的事物里，都伴随着一颗和成功大小相当的种子。

在外人看来，这个绰号叫斯帕奇的小男孩在学校里的日子应该是难以忍受的：他读小学的各门功课常常亮红灯，到了中学，他的物理成绩通常是零分，他成了所在学校的有史以来物理成绩最糟糕的学生。

斯帕奇在拉丁语、代数以及英语等科目上的表现同样惨不忍睹，体育也不见得好多少。虽然他参加了学校的高尔夫球队，但在赛季惟一的一次重要的比赛中，他输得干净利落。即使在随后为失败者做的安慰赛中，他的表现也一塌糊涂。

在自己的整个成长时期，斯帕奇笨嘴拙舌，社交场合从不见他的踪影。这并不是说，其他人都不喜欢他或讨厌他。事实是，在人家眼里，他根本就压根不存在。如果是有哪位同学在校外主动向他问候一声，他会受宠若惊并感叹不已。

斯帕奇在别人眼里真是一个彻底的失败者，每个认识他的人都知道他的这一点，他本人也清清楚楚，然而他对自己的表现似乎并不在乎。从小到大，他只在乎一件事情——画画。他深信自己拥有不凡的画画才能，并为自己的作品感到骄傲。但是，除了他本人以外，他的那些涂鸦之作从来没有其他人看上眼。上中学时，他向毕业年刊的编辑提交了几幅漫画，但最终一幅也没有被采用。尽管有多次被退稿的痛苦经历，斯帕奇从未对自己的画画才能失去信心，并下定决心今后成为一名职业漫画家。

到了中学毕业那年，斯帕奇给当时的沃尔特迪斯尼公司写了一封自荐信。该公司让他把自己的漫画作品寄来看看，同时规定了漫画的主题，于是，斯帕奇开始为自己的前途奋斗。他投入了巨大的精力与非常多的时间，以一丝不苟的态度完成了许多漫画。然而，漫画作品寄出后却石沉大海，最终迪斯尼公司没有采用他，他再次遭遇了失败。

生活对斯帕奇来说只有黑夜，走投无路之际，他尝试着用画笔来描述自己平淡无奇的人生经历。他以漫画语言描述了自己灰暗的童年，不争气的少年时光——一个学业糟糕的不及格生，一个屡遭退稿的所谓艺术家，一个没人注意的失败者。他的画融入了自己多年来对画画家执著追求和对生活的真实体验。

连他自己都没有想到，他所塑造的漫画角色一炮走红，连环漫画《花生》很快就风靡全世界。在他笔下走出了一个叫查理·布朗的小男孩，也是一个失败者：他的风筝从来都没有飞起来过，他也从来没有踢好过一场足球，他的朋友都叫他木头脑袋。

了解斯帕奇的人都知道，这正是漫画作者本人——日后成为大名鼎鼎漫画家的查尔斯·舒尔茨早年平庸的写照。

查尔斯•舒尔茨成功了，在此之前他可以说是一个典型的失败者，但是让失败有了价值的不是别的，就是坚持。失败者之所以是失败者，很多情况下，不是因为别的，很可能就是放弃。因为放弃，最终让这一切成为不见天日的失败。梦想有时就是这样，随时随地都要承受不为人知的痛苦，如果说成功就是黄金，那么，失败就是黄金的重量，一旦机遇来临，所有坚持都有了价值。成功没来临之前，你需要的就是坚持自己梦想的信念。

哈佛人生箴言

人们因为梦想而伟大，因为追求梦想生活而多彩多姿，因为实现梦想而成功。因为梦想，生命有了无限可能。

第2讲　苦难是成功最好的激励

在人生的旅途中，如果一个人做事总是一帆风顺，那么他就会极易安于现状，从而失去了斗志，但当一个人遭受苦难之际，为了摆脱囧运，他会调动起全身心的潜在能力相抗争，从而有所成就。所以，人生必须有苦相伴。

有很多人问及成功者成功的根源时，他们会说："是苦难打造了我，是毅力成就了我。"从某种意义上说，是苦难造就了成功。伊索因此说："如果你受苦了，感谢生活，那是它给你的一份感觉；如果你受苦了，感谢上帝，说明你还活着。人们的灾祸往往成为他们的学问。"

成功者往往懂得直面挫折，所以，学会了如何面对人生的痛苦，从另一个角度看，也就是获得成功的智慧。

生活免不了让我们遭受痛苦，但苦难是成功最好的激励。

米哈伊尔·罗蒙诺索是俄国大学者夫，他出生在俄国北部库尔岛上一个小渔村里。

罗蒙诺索夫的父亲是个目不识丁的渔民，叔叔舒伯纳是教堂里的执事，是个有文化的人，罗蒙诺索夫小时候只能跟他学识字。

自古成功多磨难，而他的磨难是特别的多。罗蒙诺索夫的生母在他很小的是后就去世了，继母对他还不错，但她很快也因病去世。不久，父亲给他娶了第二个继母，第二个继母对罗蒙诺索夫不好，可以说得上是涉毒心肠。她不仅大骂罗蒙诺索夫，还阻扰罗蒙诺索夫学习，罗蒙诺索夫就是在继母的大骂和阻扰中学完《识字课本》的。

然而，在地处荒野的渔村里，罗蒙诺索夫想要继续学习很难，因为他找不到一个合适的课本，但天无绝人之路。有一天，他在邻村的杜金家发现了两本好书，可遗憾的是，小气的老杜金却不肯把书借给别人。

老杜金家有两个孩子，他们和罗蒙诺索夫的关系很好，两个天性顽皮的朋友对他说：要是他敢在村口的坟地上一个人过一夜，那他们就把书借给罗蒙诺索夫。罗蒙诺索夫毫不犹豫答应了。

当晚，罗蒙诺索夫带上棉被，瞒着家人一个人到坟地上过夜去了。因为一心想着得到那两本书，他忍受着寒冷的狂风和上下窜动的骇人磷火，在坟地里睡了一夜。

第二天，罗蒙诺索夫如愿地得到了那两本书。

很难想象，罗蒙诺索夫就是在这样艰难的条件下想方设法地寻找学历资源，寻找着继续学习的机会。

这一年，罗蒙诺索夫带上邻居借给他的一点钱，在经过一个多月的长途跋涉，只身来到莫斯科求学。

当时，莫斯科学校是为贵族子弟开设的，不招收罗蒙诺索夫这样的贫民孩子，这对历经千辛万苦而来的罗蒙诺索夫简直是一个很大的打击，可他并没有因此而绝望，想办法让自己成功入学。

幸运的是，学校的教务主任是瓦尔诺索夫神父，他是一个正直又很有学问，当他得知罗蒙诺索夫是想来上学时，就让他背诵一首赞美诗。

当神父听完罗蒙诺索夫熟练的背诵，神父惊喜地说道："资质这样优秀的学生，在我们学校还不多呢！"

于是，爱才的神父决定帮帮罗蒙诺索夫，他向校长谎称罗蒙诺索夫是贵族出身，于是，罗蒙诺索夫顺利进入了莫斯科最有名的学校，但是，困难也随之而来。

因为罗蒙诺索夫是个大个子，加上穿着破旧，样子又土头土脑。那些贵族子弟个个披着羊皮袄，所以他在同学当中十分显眼，更显得有些另类。同学经常拿他开心，还给他编了一个顺口溜："大个子，大傻瓜，大头大脑大嘴巴……"

其实，遭遇同学的取笑还不是罗蒙诺索夫最难受的，最难受的是饥饿。因为父亲拒绝负担他的生活费用，他一天的口粮只是一块面包加一杯饮料而已。因此，他经常是饥饿难耐。

所有的困难并没有阻止他成功的脚步，就在忍饥挨饿的状态下，罗蒙诺索夫排除一切干扰，刻苦学习，在学业上有着超长的进步，让人刮目相看。

罗蒙诺索夫在这所学校共学习了五年，以优异的成绩毕业，又被派送到彼得堡最高学府——彼得堡科学院深造，最终成为举世闻名的化学家。

事实就是这样，不能忍受挫折和战胜困难的人，他只会是一个失败者，而能忍受得住挫折、忍受得住失败、忍受得住痛苦的人，往往是成功的人。成功者会把苦难看成磨练。他们把苦难当成激励自己前进的原动力，他们在苦难中鼓起生活的勇气，学会战胜困难的方法，在苦难中磨炼自己百折不挠的意志，使自己变得越来越坚强，进而达到胜利的彼岸。

哈佛人生箴言

要获得成功，就要学会感谢苦难，因为苦难教会我们坚强、忍耐、勇敢、承受……这是获取成功的力量。所以，从某种意义上说，逃避苦难才是失败的原罪。

第3讲　不服输才有赢的希望

不服输是体现的是一种坚韧精神。这种精神让生命充满弹性和力量。不服输是一个人在挫折和失败面前的态度。一个人要是在输了之后就不再为赢而努力的话，他就不可能有赢得可能，这是浅显的道理。不服输的价值就在于此。

成功人士都有这样一个特征：在成功之前，往往都遭遇过非常大的挫折，在外人看来，事情本应该放弃了，但他们却在坚持，最后他们成功了。所以，人生的光荣不在永不失败，而在于能够屡败屡战。也就是说，成功的人不是从未失败过，而是在失败之后，甚至是多次失败之后还能够积极地往成功之路不断迈进。他们会跌倒了再爬起来，有一种不服输的精神，所以他们成功了。

希拉斯·菲尔德从海底铺设一条连接欧洲和美国的电缆。毫无疑问，电缆要穿过大西洋，这是一个十分浩大的工程。

铺设工作开始了，但随后却遭遇了前所未有的困难。

他用英国旗舰“阿伽门农”号和美国新造的豪华护卫舰“尼亚加拉”号来铺设电缆，但是不成功，不是电缆被卷到了机器里面断了，就是电缆里没有了电流。有一次，轮船突然发生了一次严重倾斜，差点翻了船。

大大小小的失败有无数次，这让人们对从海底铺设电缆产生了怀疑，但菲尔德依旧相信事情一定会成功。于是在一片反对声中，他不仅订购了700英里的电缆和定制了新的铺设机器，而且还聘请了一位专家，重新制定铺设计划。

可是，电缆的铺设工作依然不顺利，依然是老问题，不是电缆断了就是电缆里没有了电流。

随后，可怕的事情发生了，有些投资者不愿再投资了。只有少数投资者看到菲尔德为此日夜操劳，因为可怜他，才决定再给他一个机会。

老天有眼，这次尝试出人意料的顺利，全部电缆铺设完毕，没有任何中断，几条消息也通过这条漫长的海底电缆发送了出去。可是好景不长，就在大家准备庆功的时候，电缆电流又突然中断了。

这时候，除了菲尔德外，所有人都感到了绝望。没有人再给他投资了，但菲尔德仍然坚持，他又找到了新的投资人，可是，接下来迎接他的依然是失败。

所有的投资人都不愿意再给机会了，于是，这项工作就耽搁了下来。失败似乎并没有难倒菲尔德，第二年，他组建了一个新的公司，重新找到了投资人，继续从事这项工作。

在铺设电缆的过程中，不知经历了多少次失败，但菲尔德挺过来了。1866年7月，光缆顺利接通，菲尔德发出了世界上第一份横跨大西洋的电报，内容是：“7月27日。我们晚上9点到达目的地，一切顺利，感谢上帝！电缆都铺好了，运行完全正常。希托斯·菲尔德。”

希拉斯•菲尔德先生的经历是充满挫折的，但他的精神是可贵的，取得的成绩是辉煌的。在我们一生中常会遇到或大或小的很多挫折，这一点谁都无法避免。在挫折面前，成功者一定不会被吓倒，他们敢于直面挫折，把它当作是成功对自己的考验，并坚强地继续走下去。因此，挫折成为成功者可贵的财富，成为他们成功的垫脚石。在困难和挫折面前，是否具备百折不挠的毅力，在某种意义上，可以说是区别成功与失败的标志之一。

哈佛人生箴言

生从来就没有真正的绝境，不服输的人才有希望。如果你始终在绝望的边缘徘徊，请别放弃，再为自己加一加油，也许就是这最后的拼搏会给你带来奇迹。

第4讲　永不畏惧，永不放弃

在追求成功与开创事业的时候，几乎每个人都不可避免地要遇到失败。那么失败可怕吗？你害怕失败吗？

如果我们害怕失败，那么将一事无成。因为，失败的经历并非都是坏事，也许正如英国小说家、剧作家柯鲁德•史密斯所说：“对于我们来说，最大的荣幸就是每个人都失败过。而且，都能从跌倒的地方爬起来。”

大发明家爱迪生曾经说：“在困难面前，只有放弃的人才是真正的失败者。”

通常人们被困难击倒的主要原因之一，就是他们自己认为无法抵挡困难，会被困难打败。

这就像拳击手上台后发现对手比自己高大强壮就吓晕了一样——你不

是被对手击倒的，而是自己把自己打败了！因此我们应该勇敢地向前冲，不去试，你怎么知道会失败？就算失败了又怎么样？

《世界上最伟大的推销员》作者奥格•曼狄诺说：无论我尝试了多少次，无论我在选定的事业中多么坚忍不拔、表现出色，无论我将付出多么大的代价，挫折与失败还会日复一日、年复一年地如影随形。我们每个人，即使是最刚毅、最具英雄气概的人，一生中的大部分时间都是在失败的恐惧中度过的。

其实，没有人天生就是赢家，他们成功的关键通常在于决定性的一刻：再回到原来的地方去。

玛格丽特·米契尔是世界著名作家，她的名著《乱世佳人》享誉世界。但是，这位写出旷世之作的女作家的创作生涯并非我们想像的那样平坦，相反，她的创作生涯可以说是坎坷曲折。玛格丽特·米契尔靠写作为生，没有其他任何收入，生活十分艰辛。最初，出版社根本不愿为她出版书稿，为此，她在很长一段时间里不得不为了生活而处心积虑。但是，玛格丽特·米契尔并没有退缩。她说："尽管那个时期我很苦闷，也曾想过放弃，但是，我时常对自己说：'为什么他们不出版我的作品呢？一定是我的作品不好，所以我一定要写出更好的作品'。"

经过多年的努力，《乱世佳人》问世了，玛格丽特·米契尔为此热泪盈眶。她在接受记者采访时说："在出版《乱世佳人》之前，我曾收到各个出版社一千多封退稿信，但是，我并不气馁。退稿信的意义不在于说我的作品无法出版，而是说明我的作品还不够好，这是叫我提高能力的信号。所以，我比以前任何时候都努力，终于写出了《乱世佳人》。"

个人心理学先驱艾尔费烈德•艾德勒说："你愈不把失败当作一回事，失败愈不能把你怎么样；只要能保持个人心态的平衡，成功的可能性就愈大。"这是个很有力的建议：连失败都有正面的价值，说不定它还是上帝给予我们的奖赏呢。

美国著名电视节目主持人、畅销书《没错，你做得到！》的作者亚特•林克勒特说："我刚刚步入这个社会时所遭受的打击——在电台刚刚崭露头角时突然被解雇，正是我后来事业成功的基础。"他指出，失败可以毁灭一个人，但也能够成就一个人。对一个意志坚定的人来说，失败恰好提供他最需要的意志。就是因为失败的刺激，才把他推向成功。

人们遇到挫折时，会采取各种各样的态度。综合起来，有两种不同的态度，一种是对挫折采取积极进取的态度即理智的态度，这时的挫折激励人追求成功；另一种是采取消极防范的办法即非理智的表现，这时的挫折使人放弃目标，甚至造成伤害。

人的一生实际上是在进行一场马拉松赛。人生这场马拉松赛，漫长、坎坷和艰难，需要忍耐、坚持和奋斗。要在漫漫人生路上取得成就，只能靠恒心去挺、去忍、去拼搏。无论做人做事做领导，都需要一种百折不挠的精神。古希腊哲学家苏格拉底说过："逆境是磨炼人的最高学府"。巴尔扎克也说过："困难对天才是块垫脚石，对能干的人是财富，对弱者才是万丈深渊。"逆境有两重性，既可毁人，又可炼人。它能使弱者消沉而自毁，亦能使强者升华而自强。对待挫折和困难，惟有永不放弃，坚持到底，才能让自己感受到胜利的喜悦。

哈佛人生箴言

挫折是在所难免的，而挫折之后的成功也是有可能的，关键就要看你有没有承受挫折打击的能力，能不能用自己的坚持不懈来开辟全新的道路。

第5讲　应对人生的困境与挑战

许多人曾说过这样的话："为了成功，我尝试了不下上千次，可就是不见成效。"你相信这句话是真的吗？别说他们没有试上100次，甚至有没有

10次都颇令人怀疑。或许有些人曾试过8次、9次、乃至10次，但因为不见成效，结果就放弃了再试的念头。如果你真的具有敢去尝试的心态，你就一定可以成功。这项心态法则适用于各种失败场合。戴高乐曾经说过：“挫折，特别吸引坚强的人。因为他只有在拥抱挫折时，才会真正认识自己。”

也许你的失败是因为你要获得成功还需要更多的东西。欧几里得的原理说：“整体的东西等于所有各部分的总和，而大于任何一部分。”这个原理可用来说明我们的问题。重要的是，你该把所有必要的部分加到整体上去。

1918年，高尔文从部队复员回家，他办起了一家电池公司。可是无论他怎么卖劲折腾，产品依然打不开销路。有一天，高尔文离开厂房去吃午餐，回来只见大门上了锁，公司被查封了，高尔文甚至不能再进去取出他挂在衣架上的大衣。

1926年，他又跟人合伙做起收音机生意来。当时，全美国估计有3000台收音机，预计两年后将扩大100倍。但这些收音机都是用电池作能源的。于是他们想发明一种灯丝电源整流器来代替电池。这个想法本来不错，但产品还是打不开销路。眼看着生意一天天走下坡路，他们似乎又要停业关门了。此时高尔文通过邮购销售办法招揽了大批客户。他手里一有了钱，就办起了专门制造整流器和交流电真空管收音机的公司。可是不出3年，高尔文依然破产了。

这时他已陷入绝境，只剩下最后一个挣扎的机会了。当时他一心想把收音机装到汽车上，但有许多技术上的困难有待克服。

到1930年底，他的制造厂账面上已净欠374万美元。在一个周末的晚上，他回到家中，妻子正等着他拿钱来买食物、交房租，可他摸遍全身只有24美元，而且全是赊来的。

然而，经过多年的不懈奋斗，后来的高尔文已腰缠万贯，他盖起的豪华住宅就是用他的第一部汽车收音机的牌子命名的。可见，只有那些跌倒了再站起来，掸掸身上尘土再上场一拼的人，才会在事业上获得成功。

通常成功之路并非一帆风顺，有失才有得，只要我们拥有积极的心态去努力拼一拼，就不会被挫折打倒了。其实，谁都有面临困难与逆境的时候，关键是看我们怎样处理。有些人在逆境中永远消极，做一个永远的失败者；而有些人却能够积极地面对逆境，冲出重围，走向成功。

既然逆境是不能避免的，那就让我们从逆境中找到动力吧，让这股动力将我们推向成功。 我们应该将逆境视为成功的预兆。就让我们永远铭记一位西方哲学家的话：“困难与挫折其实是上天故意安排来考验我们的，其实，它就是成功的化身。成功与失败把握在我们自己手中。” 每一种挫折或不利的突变，都带着同样或较大有利的种子。最危险的时候，也就是你的爆破力发展到最大限度的时候。任何事情都是多面的，我们看到的只是其中的一个侧面。

杜克·鲁德曼是一个年过60岁的老人，他自认为他是一个遭受失败最多的人。他是一个热衷于石油的开采者，他说他一生中每打4口井，就有3口是枯井。可是他依然从逆境中走了出来，成了一个身价超过两亿美元的富翁。杜克·鲁德曼自己回忆说：“当年我被学校开除后，就跑到德克隆斯的油田找了一份工作。随着经验的逐渐丰富，我便想自己当一名独立的石油勘探者。那时候，每当我手里有钱了，我就自己租赁设备，做石油勘探。在连续的两年里，我一共开采了将近30口井，但全部都是枯井。当时，我真的是失望极了。”杜克·鲁德曼的确陷入了困境，都要接近40岁了，他依然一无所获。但是，他不但没有被逆境难倒，反而更加勤奋努力。他开始研读各种与石油开采有关的书籍，吸取了丰富的理论知识。等理论知识掌握得非常充分的时候，他又开始卷土重来，租好设备，找好地皮，进行又一次石油开采。但是，这一次没有遇到枯井，而是汩汩直冒的石油。

失败不可怕，怕就怕心也死了。每个人都不希望失败的，但有时候失败不可避免的，因为我们没准备好，那就原谅失败者之初心，原谅他们的幼稚，相信他们是会在跌倒的地方爬起来的。成功学大师拿破仑•希尔曾经指出：因为下面这三个原因，失败往往能够转化位成功的基石。第一，失败可以打开新的机遇大门，迎来新的人生机会；第二，失败可以给骄傲的人注入一针清醒剂；第三，失败可以使人知道什么方法是错误的，而成功又需要什么样的方法。 基于上面三个原因，我们应该知道，失败带来的逆境并非都是坏事。只要我们在逆境中找到动力，对我们获得成功是很有帮助的。

哈佛人生箴言

或许你曾经埋怨过这个世界没有给你更好的机会；或许你埋怨过自己没有一个好的命运，没有贵人相扶……或许还有更多的或许，但是你要相信一点：只有你挺得住，机会才会“现”出来。

第6节　做一个执著的人

执著，就是一种勤勉的跋涉，淡泊的心境，一种刚硬的精神气质，一种壁立千仞、无欲则刚的节操。执著不仅仅是生存的需要，更是心灵的需要。毕竟，人活着不能没有一个东西吸引着您往前走，也不能没有为追赶上这个东西而付出奔跑。或许，我们奔跑了仍没能追上，但为了有所追求而执著，虽是艰辛的，却必然也是一种幸福。

在现实生活中那些执著专注地做事的人有许多，英国当代最有名的推销员之一彼特便是其中一个。

彼特的推销生涯，是从在一家报社当广告业务员起步的。当时，彼特从一开始便采取了与别的业务员截然不同的拉广告方式：别人总是哪儿容易拉到广告就往哪儿跑，彼特却专门给自己列了一份别人都招揽不成功的客户的名单，作为自己的业务对象。而在正式去面见这些让别人都大摇其头的客户前，彼特总是先来到报社边上的一个公园里，把名单上的那些客户的名字念上一百遍，然后这样对自己说：“在本月之内，你将向我购买广告的版面！”

当然，实际的情况远不是那么轻松简单。曾有那么一个商人，不管彼特如何做工作，在第一个月里，他就是一口拒绝买彼特的广告版面。为此，在第二个月里，每天早晨那位商人的商店开门后，彼特就进去向这位商人请求在自己所在的那家报纸上做广告，而每次那位商人都态度坚决地回答说“不”之后，彼特就默默离开，第二天照样继续前去……就这样，在这个月的最后一天，那位已经接连对彼特说了30天“不”的商人，终于忍不住向彼特问道：“你已经浪费整整一个月的时间来让我买你的广告版面，我很想知道的是，你究竟为什么要这样做呢？”

这时彼特回答说：“不，我并没有浪费时间。在这一个月中，我等于是在上学，而您就是我的老师——您一直在训练我的执着精神。”

听了这话，那位商人不禁点了点头，然后，接着彼特的话头感慨道：“噢，我也得向你承认，在这一个月里，我也等于是在上学，而我的老师则是你，你已经教会了我坚持到底这一课。毫无疑问，对我来说这是比金钱更有价值的。因此，为了向你表示我的感激，我决定买你的一个广告版面，当做我付给你的学费。”

彼特就这样成功了。显然，彼特这一成功的最大也最深远的意义，便是它充分表明了执著的重要性。坚持不懈地去努力，这是一个人取得成功最基本也最可靠的保证。如果缺乏这种执著的精神，那么，我们便会被难题轻易所击垮，与成功失之交臂。

西西弗斯因为触犯了诸神，诸神罚他将巨石推到山顶，而由于自身的重量，巨石总还是滚下去，西西弗斯不得不下山再往上推。诸神觉得没有比这种机械重复无休无止的劳动更严厉的惩罚了。而西西弗斯则乐此不疲，用每一个坚实的脚印书写自己不懈的追寻与充实的人生。

这个神话故事成了执著的精神象征。无论您身居达官显位，还是身处平常街巷；无论您奔波于闹市通衢，还是栖身于田园山水，只有有所执著才能置常人眼中的得失、荣辱、毁誉于不顾，才能拥有笑傲人生的豁达与潇洒。执著是一场漫长的分期分批的投资，而成功则是对这场投资的一次性回报。

执著于自己所爱的事业，追求一份成功与收获，这才是生命的价值与意义。

哈佛人生箴言

为了我们的事业与生活，我们永远应该坚守执著，也许收获有迟有早，有小有大，但我们坚守执著的本身，就是人生命的意义所在。

第7讲　学会从损失中获益

快乐来自于一种成就感，一次战胜困难的经历，一次超越自我的胜利，一次把柠檬变成柠檬汁的经历。我曾经拜访过芝加哥大学访问的校长，请教他快乐的秘诀是什么。他说："你手上如果只有一个酸柠檬，就做杯可口的柠檬汁吧!这是我一直遵循的法则，也是西尔斯百货公司总裁罗森华的建议。"

这正是那位芝加哥大学校长所采取的办法，但一般人却刚好反其道而行之。

如果人们发现命运送给他的是一个柠檬，他会立刻放弃，并说："我完了!我的运气这么坏!一点机会都没有。"于是他与世界作对，并把自己放入自我可怜的境地。

如果得到柠檬的是个聪明人，他会说："我可以从这次不幸中学到什么?怎么样才能改善我目前的处境?怎样把这个柠檬做成柠檬汁呢?"

伟大的心理学家艾德勒穷其一生都在研究人类及其潜能。他宣称：人类最不可思议的东西就是有一种化逆为顺的特性。我现在要叙述的故事正符合了德瑞尔的这句话：

有一男孩出生在一个非常贫穷的家里。父亲去世的时候，家里连丧葬费都拿不出来，还是父亲生前的朋友们帮忙，才得以把父亲下葬。男孩的母亲在一家工厂里做工，每天要工作十个小时。有时候还要带一些工作到家里做，每天非常的辛劳。

这个男孩就是在这种贫困的环境下开始成长的。一次偶然的机会，他参加了当地一家教堂举行的业余戏剧表演活动，他觉得十分过瘾。演出完后，他决定去学习演讲。后来，他凭着卓越的演说才能进入了政界。在他三十岁那年，他被选为纽约州议会的议员。然而，他对承担这项责任毫无准备。事实上，他根本不知道一位州议员每天都应该干些什么。为了对一项法案的表决投票，他得事先研究那些冗长复杂的法案，这对于他来说，就好像读天书一样。

他被选为州森林委员会的委员，这又让他担心不已，因为他从来不了解森林。他又被选为州经济委员会成员，这更让他不知所措，他在银行连账户都没有。这一项又一项加在他身上的责任让他坐卧不安，如果不是他不敢向他母亲承认自己的失败的话，他早就辞职不干了。无可奈何之下，他下定决心每天要学习十六小时，把柠檬做成柠檬水。在他不断的努力下，他成为了全国有名的政治家，《纽约时报》称他为“纽约最受欢迎的人”。

相信大家都知道这个人是谁了吧，他就是爱尔·史密斯。在史密斯开始自学后的十年中，他四次连任纽约州长，这在当时应该说是独一无二的。后来，他还被提名为民主党总统候选人。他还获得了包括哈佛大学在内的六所著名大学授予的名誉学位，而他曾经是一个连小学都没有毕业的人。

在二十世纪，哈米·爱默生·弗斯狄克指出真正的快乐大部分来自斗争，而且多半是斗争的胜利。的确，快乐来自于一种成就感，一次超越自我的胜利，一次把柠檬变成柠檬汁的经历。有一位每天充满快乐的农夫，他住在佛罗里达州。他居然把一个毒柠檬变成了柠檬汁。当初，农夫买下那块地后才发现那儿既不能种农作物，也不能种水果，那儿惟一能产的就是响尾蛇。但是他没有报怨，他把响尾蛇的肉做成了罐头；他从蛇身上提取蛇毒，卖给药厂；把蛇皮卖给那些皮革加工厂，做成各种皮包和鞋子。

几年后，越来越多的人到这里来参观他的农场。他所在的那个村子现在已改名为响尾蛇村——为了纪念他把毒柠檬变成了柠檬水。

伯利特在他的《十二种能战胜自然的人》一书中说道："聪明人和傻子的区别在于：聪明的人能从损失中收获一些东西，而傻子不会。"伯利特是在他刚失去一条腿后说这句话的。

还有一个没有双腿，而在逆境中奋起的人。他的名字叫本·班诺。他的悲剧发生在一九二五年。有一次，他去山上砍了一车胡桃木。在开车回家的路上，一个急转弯的路口，一根胡桃木掉了下来卡住了车轴。他被摔了出去，撞到了路边的一棵树上，脊椎受了伤，班诺从此瘫痪了，那年他二十四岁。从那以后，再也没有像正常人那样走一步路。

一个正值青春年华的年轻人，是怎样从命运的无情安排中，勇敢地生活下来的呢?那时，班诺心中充满了怨恨，怨恨所有的一切，怨恨老天的无情。他每天都活在怨恨当中。但是时间改变了他，随着年龄的增长，他发现怨恨只会毁了自己，让自己的亲人朋友都躲着自己。他告诉自己，别人都和善礼貌地对自己，他也应礼貌和善地对待他。

这么长时间过去了，他对那次事件的看法有什么改变吗?他还认为那次意外很不幸吗?事情发生了变化，当班诺克服了事件带给他的痛苦和悔恨之后，他试着开始了一种全新的生活。他开始静下心来阅读那些人类历史上最著名的文学作品。到现在为止，他看了差不多一千五百本。书籍彻底改变了他的生活，它拓展了班诺的眼界，让他的生活变得丰富多彩。他渐渐喜欢上了交响乐，以前他一听到它就哈欠连天。这件事带给班诺最大的转变就是让他开始静下心来思考一些问题，让他能够比较透彻地看问题，知道了什么事情是有价值的东西。看书和思考的结果，让他对政治产生了浓厚的兴趣。后来，他坐在轮椅上去发表演讲，发表他对公共问题的观点，人们逐渐认识了他。因为这时他已经是佐治亚州的州务卿了。

威廉·詹姆斯曾说："我们最大的弱点，给了我们不可预期的动力。"

是的，弥尔顿如果不是盲人，可能就写不出如此精彩的诗篇。贝多芬则可能因为耳聋才得以完成这么动人的音乐作品。海伦·凯勒的创作事业完全是受到耳聋目盲的激发。如果柴可夫斯基的婚姻不是这么悲惨，逼得他几乎要自杀，他大概也作不出不朽的《第四交响曲》。托尔斯泰和杜斯妥也夫斯基都是因为自身命运悲惨，才能写出流传千古的动人小说。一位改变人类科学观点的科学家说："如果我不是这么无能，我就不可能完成所有这些我辛勤努力完成的工作。"这是达尔文的自白，他坦承自己受到弱点的激励。达尔文在英国诞生的同一天，美国肯塔基州的小木屋里也诞生了一位婴儿，他也是受自己缺陷的激发，他就是亚伯拉罕•林肯。如果他生长在富有的家庭，得到哈佛大学的法学学位，又有圆满的婚姻，他可能永远不能在盖茨堡讲出那么深刻动人、不朽的名篇，更别提连任就职时的演说——他可算得上是一位具有统治者最高尚情操的人，他说："对人无恶意，常怀慈悲于世人……。"

佛斯狄克在其著作中提到："有一则北欧寓言中说——冰冷的北极风造就了维京人。我们什么时候相信人们会因为舒适生活和没有任何困难而觉得快乐?正相反，自怜的人即使舒舒服服地靠在沙发上，也不会停止自怜：反倒是不计环境优劣的人常常能快乐，他们对个人应当承担的责任极有担待，从不逃避。"

我要再强调一遍——坚毅的维京人是冰冷的北极风造就的!"

如此说的第一个理由是：我们可能成功。

第二个理由：即使未能成功，这种努力的本身已迫使我们向前看，而不是只会悔恨，它会驱除消极的思想，代之以积极的看法。它激发我们的创造力，促使我们忙碌，使我们没有时间和心情，去忧伤过去的事了。

世界著名的小提琴家欧·布尔在巴黎一次音乐会上，小提琴的A弦忽然断了，他面不改色地用剩余的三条弦奏完全曲。

佛斯狄克说："这就是人生，断了一条弦，就用剩余的弦继续演奏。"

这还不只是人生，这是超越人生，是生命的赞歌!

如果我做得到，我要把威廉•波利多的这段话悬挂在每一所学校里："人生最重要的不只是运用你所拥有的，因为任何人都会这样做，真正重大的课题是如何从你的损失中获益，这需要真正的智慧，才显示出一个人的上智下愚。”

哈佛人生箴言

你手上如果只有一个酸柠檬，就做杯可口的柠檬汁吧！面对命运的悲惨，不要放弃，朝着一个方向走，你会走出荒漠，找到绿洲。

第8讲　用1%成功战胜99%的失败

人生这场马拉松赛，漫长、坎坷和艰难，需要忍耐、坚持和奋斗。能成功的人，都是在挫折和困难面前永不放弃，坚持到底的人。它们在之所以在漫漫人生路上取得成就，靠得是恒心去挺、去忍、去拼搏。

本田宗一郎于1906年11月出生在日本荒僻的兵库县的一个贫穷家庭。他家离索尼公司创始人盛田昭夫的家不远。盛田出生在一个拥有一个网球场的优裕家庭，而本田却是一个在路边修理自行车的穷铁匠的儿子。这种早期环境证明在本田最初试制摩托车的日子里对他很有好处。他父亲对他解决机械问题的培养在本田早期的训练中起到了很大作用。

由于家庭贫穷，九个孩子中有五个因营养不良而早夭。

本田是个穷学生，经常逃课，他憎恶正规的教育。但他偏爱试验术，总是运用富有启发性的试验方法学得最好。他一直喜欢机器和机械装置，当儿时第一次看到汽车时，他陶醉了，正如他自传中的一段所展示的那样：

“忘掉了一切，我跟在车后跑，……我很激动，……我认为正是那时，虽然我只是个孩子，总有一天我将自己制造汽车的思想产生了。”

那时，他并不知道自己将不仅仅拥有这样一部机器，而且将成为生产它们的工业巨头之一。本田注定比其他人更能改变摩托车和汽车工业。

在50年代早期，本田公司终于跻进了拥挤的摩托车行业。在五年内打败了250个竞争对手，使他实现了儿时的制造更先进的汽车的幻想。

本田承认他犯有错误，正如他在密歇根技术大学接受博士学位的演讲中表明的那样："回首我的工作，我感到我除了错误，一系列失败、一系列后悔外什么也没有做。但是有一点使我很自豪，虽然我接二连三地犯错误，但这些错误和失败都不是同一原因造成的。"

本田宗一郎的事迹告诉我们：凡是经得起考验的人，都会因为他的毅力而获得丰厚的报酬。"许多人希望活出成功，对我来说，成功只有在多次失败后和对失败进行反省才能取得。事实上，成功只代表着你的工作的1%，而99%意味着失败。"这是本田宗一郎1974在密执安获得博士学位时的一段演讲词。他还曾把这段话归纳为一个简洁而富有哲理的忠告送给那些渴望成功的人，他说："成功必须善于瞄准不可能的目标和拥有失败的自由。"

只有少数人能从经验中得知坚忍不拔精神的正确性。这些人承认失败只是暂时的，他们依靠不衰的愿望而使失败转化为胜利。亨利•福特说："失败能提供你以更聪明的方式获取再次出发的机会。"其实，伟大的牛顿、爱迪生，尚且还有失败的时候，何况平凡的你我。况且，从某种意义来说，人没有失败，就没有成功，甚至于个人要是没有大失败，就没有大成功。你去问问成功的人，他们可以肯定地告诉你，他们经历的失败比你想象的还要多得多。他们之所以现在成功，就是因为以前积累了太多太多的失败。只是他们不怕失败，耐心而又细致地研究失败的原因，然后，一步一步地把它们解决，最后才取得了胜利。

哈佛人生箴言

我们站在人生的轨道上，目击绝大多数的人在失败中倒下去，永远不能再爬起来。对此，我们只能总结说，一个人没有毅力，那他在任何一行中都不会得到成就。

第9讲 成功者就是比别人能坚持的人

胜利者，就是比别人能坚持的人。因为在希望渺茫之际，很可能就是柳暗花明之时。

法国作家凡尔纳年轻时写的第一本书，是名为《气球上的五星期》的科学幻想小说。

当他满怀憧憬地将自己的处女作送给一家出版社时，总编辑翻了书稿后，感到书中说的尽是不切实际的幻想，而且写作手法离经叛道，便拒绝出版。

在一连被十五家出版社拒之门外之后，凡尔纳开始灰心丧气。他坐在火炉旁撕手稿，一张一张地往火炉里扔。幸亏他的妻子发现，才阻止了他的焚书行动，并劝他再试一次。凡尔纳第二天又将书稿整理好送到第十六家出版社。出乎意料，这家出版社独具慧眼，不仅立即给予出版，而且与凡尔纳签订了为期20年的约稿合同，要凡尔纳把今后写的全部科幻小说交给他们出版。

《气球上的五星期》出版后，立即轰动文坛，凡尔纳一举成名。

成功往往就在于“再坚持一下”。试想，凡尔纳如果不跑到这第十六家出版社，还会有这部不朽的传世名作吗?还会有大作家凡尔纳吗?

华盛顿山的一块岩石上，立下了一个标牌，告诉后来的登山者，那里曾经是一个女登山者躺下死去的地方。她当时正在寻觅的庇护所“登山小屋”只距她一百步而已，如果她能多撑一百步，她就能活下去。

这个事例提醒人们，倒下之前再撑一会儿。胜利者，往往是能比别人多坚持一分钟的人。即使精力已耗尽，人们仍然有一点点能源残留着，用到那一点点能源的人就是最后的成功者。

往往，再多一点努力和坚持便会收获意想不到的成功。以前做出的种种努力，付出的艰辛便不会白费。令人感到遗憾和悲哀的是，面对一而再、再而三的失败，多数人选择了放弃，没有再给自己一次机会。

查德威尔是第一个成功横渡英吉利海峡的女性，她没有满足，决定从卡塔林岛游到加利福尼亚。行程十分艰苦，刺骨的海水冻得查德威尔嘴唇发紫。她快坚持不住了，可目的地还不知道有多远，连海岸线都看不到。越想越累，渐渐地她感到自己的四肢有千斤那么沉重，自己一点劲都使不上了，于是对陪伴的船上工作人员说："我快不行了，拉我上船吧!""还有一海里就到了啊，再坚持一下吧。""我不信，怎么连海岸线都看不到啊!快拉我上去!"看她那么坚持，工作人员就把她拉上去了。快艇飞快地往前开去，不到一分钟，加里福尼亚海岸线就出现在眼前了，因为大雾，只能在半海里范围内看得见。

查德威尔后悔莫及，居然离横渡成功只有一海里!为什么不听别人的话，再坚持一下呢?

拿破仑曾经说过：达到目标有两个途径——势力与毅力。势力只有少数人所有，而毅力则属于那些坚韧不拔的人，他的力量会随着时间的发展而强大以至无可抵抗。

无论何时，我们都应该信心百倍地去全力争取人生的幸福和成功，并永远激励自己：离成功我只有一海里，只要再多一分钟的坚持!

哈佛人生箴言

拿出你的毅力去坚持，才是取得一切胜利的终极法宝！毅力和坚持精神，是每一个会闯的人必须具备的优秀品质，也只有拥有这种品质的人，才可能从众多的人群中脱颖而出。

第09课

尼尔·鲁登斯坦教授关于“成功”的讲座

——你可以复制成功

在通往成功的路上，有的是紧追目标，有的是坚持到底，有的是心态赢人，……人们对如何获取成功的秘诀仅在于此。但是，尼尔•鲁登斯坦教授对成功有着自己的见解。假如你想要成功，不妨像他所说的那样去做——这些就是哈佛人所秉承的成功法则。

尼尔·鲁登斯坦，1954年出生在费城一个经济世家。父母是宾夕法尼亚州立大学的经济学教师。后来就读于麻省理工学院数学专业，毕业后又进入哈佛并获得博士学位。之后，他在两所母校轮流任教。

1988年，他迈出从政第一步，成为当时总统候选人杜卡基斯的兼职顾问。1991年，他担任世界银行首席经济学家。随后，他加入克林顿的竞选阵营。克林顿当选后，担任美国副财长一职。2001年，担任哈佛校长。

第1节　真正把自己搞明白

了解别人很难，了解自己也不容易。人们对于自己的优点都很敏感，而对于自己的缺点却容易疏忽，你的真正专长是什么？最大的本领是什么？有时候你自己也拿不准。老子曰："自知者明"；苏格拉底说："你要认识自己。"东、西方哲人们几千年前说的话竟然是如此相似。可见，认识自我对于个人的人生成长和发展是十分重要的。

"命运是把握在自己手中的"。每个人都有选择人生方向的机会，选择的方向是否适合自己，关键是要看对自己的认识是否准确。认识自己先要正确地认识到自己的长处，这关系到自己做出正确选择和确立自信心。但认识自己最难的是还在于要认识到自己的短处，大多数人都习惯于自以为是，不愿意否定自己，看不到自己存在的缺点和不足。所以，古人说："人贵有自知之明。"一个"贵"字，道尽了自知之不易。

陷入彻底盲目的人，是自己不了解自己的人。牛顿说他看得远，那是因为他站在巨人的肩膀上。这句话既是自谦之词，也是自知之句。只要心中有一把客观的尺子，不夜郎自大，不妄自菲薄，自会与进步结伴，不和落后同行。

有这么一个寓言故事，可以给我们以启迪：

森林中，动物们正在举办一年一度关于比"大"的比赛。老牛走上台来，动物们高呼："大。"大象登场表演，动物也欢呼："真大。"这时，台下角落里的一只青蛙气坏了。难道我不大吗？它一下子跳上一块巨石。拼命鼓起肚皮，同时神采飞扬地高声问道："我大吗？"

"不大。"台下传来的是一片嘲讽的笑声。

青蛙不服气，继续鼓着肚皮。随着"嘭"的一声，肚皮破了。可怜的青蛙，到死也还不知道它到底有多大。

还有一个与自知之明有关的故事。

有一位登山队员参加了攀登珠穆朗玛峰的活动，到了7800米的高度时，他体力支持不住，停了下来。当他讲起这段经历时，朋友们都替他惋惜，为什么不再坚持一下呢？再咬紧一下牙关，爬到顶峰呢？"不，我最清楚。7800米的高度是我登山生涯的最高点，我一点也不为此感到遗憾。"他说道。

寓言故事中的青蛙不了解自己，受到了命运的惩罚；登山队员了解自己，所以他安然无恙。了解自己，这是一种明智，是一种美好的境界。

现代人都有一种通病，那就是忽视了解自己。我们往往在还没有衡量清楚自己的能力、兴趣、经验之前，便一头栽进了一个过高的目标——这些目标往往是为了与人攀比而制定的，而不是根据自己的客观情况订出来的。所以，每天要受尽辛苦和疲惫的折磨，却难以获得成功。

人与人是有差异的。有的人聪明，有的人平庸；有的人强壮，有的人羸弱，每个人的性格、能力、经验也各不相同。我们只有依照自己的潜能去发展，才能获得最大的成就。

要想具有自知之明，必须要跳出自我的小圈子，站在旁观者的立场来分析和评价自己。鲁迅先生曾说过："我有时解剖别人，但常常更严格地解剖自己。这样才能对自己有清醒的认识。"

我们必须明白，任何一位小人物，只要能引发他的信心，便会使得他积极进取。发现并肯定自己的优点是获得信心的重要途径，是获得成功的关键前提。

哈佛人生箴言

可以说，正确认识自己，能够看到的优点是做人的关键。总是把自己与同行、与同类相比，自叹不如，称自己才智不及，叹自己难以成事，这实在大可不必。

第2讲　明确自己的人生定位

生人的一生都在追求一种价值。他们想要知道什么是珍贵，什么是微不足道。可是，越来越多的人却没有考虑过，自身的价值何在？热门话题，流行时尚，理想职业，最新潮流……在社会的喧嚣中，在别人的影响下，许多人迷失了自我，看不清自己真正的价值，总是按照别人的看法设计，可是，你应该牢记：自己的人生自己把握，不能让自己“生活在别处”。

一般人总是相信，当他们投身于时下最为热门的行业，就俨然处于社会光环的中心，就会得到权力、地位和财富，实现自我的价值。不过，等他们花尽毕生的力气追求之后，他们才恍然大悟，原来自己真正应该做的事情没有做，自己所追求的很多热门根本不适合自己，或者根本就没有意义，只是炫目的泡沫。

在一个小酒吧里，一位年轻小伙子正在用心地弹奏钢琴。说实话，他弹得相当不错，每天晚上都有不少人慕名而来，认真倾听他的弹奏。一天晚上，一位中年顾客听了几首曲子后，对那个小伙子说："我每天来听你弹奏都是这些曲子，你不如唱首歌给我们听吧。"这位顾客的提议获得了不少人的赞同，大家纷纷要求小伙子唱歌。

然而，那个小伙子面对大家的请求却变得腼腆起来，他抱歉地对大家说："非常对不起，我从小就开始学习弹奏乐器，从来没有学习过唱歌。我长年累月地坐在这里弹琴，恐怕会唱得很难听。"那位中年顾客却鼓励他说："小伙子，正因为你从来没有唱过歌，或许连你自己都不知道你是个歌唱天才呢！"此时酒吧的经理也出来鼓励他，免得他扫了大家的兴。

小伙子认为大家想看他出丑，于是坚持说只会弹琴，不会唱歌。酒吧老板说："你要么选择唱歌，要么另谋出路。"小伙子被逼无奈，只好红着脸唱了一曲《蒙娜丽莎》。哪知道他不唱则已，一唱惊人，大家都被他那流畅自然、男人味十足的唱腔迷住了。在大家的鼓励下，那个小伙子放弃了弹奏乐器的艺人生涯，开始向流行歌坛进军。这个小伙子后来居然成为了美国著名的爵士歌王，他就是著名的歌手纳京高。要不是那被逼无奈地开口一唱，纳京高可能永远坐在酒吧里做一个三流的演奏者。

"人摆错了位置就永远是庸才。"其实很多时候是自己把自己当成了垃圾随地乱扔，荒废了自己的才能。身处市场经济的时代，市场经济的运作十分强调把资源配置到最能发挥效率的地方，应该认识到，人自身也是一种资源，应该寻找最适合自己的岗位，并对自己的兴趣保持一份坚定与执著。

的确，如果你自己都不把自己当回事，就别指望别人的器重。生命的价值首先取决于你自己的态度。珍惜独一无二的自己，珍惜这短暂的几十年光阴，然后再去不断拓展自己，世界才会认同你的价值。

印象派大师梵高的画，许多人看过后都留下深刻的印象，他那黄色炽热的色彩和充满动感的线条，给予我们强烈的感受。梵高的一生有着坎坷的境遇，他从26岁才正式开始学画，他在给弟弟的信中说，我学习绘画很晚，而且我的生命很可能也只剩下十年的时间了，因此要加紧创作。果然，他在36岁就过世了，但是仅仅十年间却留给我们许多不朽的作品。在艺术上的成就，他开创了一个新的时代。

我们就应该明确自己的定位！不怕别人的鄙夷，就怕你自己找不到自己的方向。谁说你不能取得非凡的成就？除非你自己！没有人能够给你的人生下任何的定义。你选择怎样的人生平台，将决定你拥有怎样的人生。一个人，要获得更大的发展，就要不断地为自己寻找更大、更高的平台！

哈佛人生箴言

好的思路决定好的出路，要敢于给自己的人生一个高起点的定位。你是谁？你要往哪里去？一个人的成就，永远不会超越自己思想的格局。

第3讲　尽早规划自己的人生

一个人要想生活愉快、幸福，关键在于优秀的个人品质和良好的工作态度。澳大利亚一家咨询公司采访了近5000名经理人员，并对他们所取得成就的原因和基础进行了仔细的研究。结果表明，尽管这些人年龄大不相同、专业各异，但他们都有一个共同之处：都有一个明确的目标。

报纸杂志经常刊登这个时代比较热门和有前途的事业，许多专家学者也在告诉大家应该如何准备，如何面对未来的世界，许多人尤其是年轻人当然要受到其影响，紧跟在这些传播媒介、著名人士、成功人士后面学习。但是这里需要提醒的是，未来是不可预测的，哪一种行业比较热门，哪一门职业比较跟得上时代都没有绝对性，虽然预测的大方向或许是正确的。

所谓的“人生规划”，就是把未来想做什么、如何做，在多少岁时做些什么事情做成计划，然后按照这些计划去努力，你可以把它分为“事业规划”和“生活规划”两部分。比如说，事业规划可以包括：你想从事什么样的行业，你希望自己多少岁前做到什么样的程度等；生活规划可以包括：几岁结婚、生子，自己要培养哪方面的兴趣、特长，是否再进修等诸多项目。方向定了，就朝着这个方向前进，并充实必要的条件。

人生规划，能够让你找到一生的指针和目标，因此做得越早越好。有时候，人们会遇到一些无法料想的事情，所以你的规划还必须适应主客观的情势，适当灵活地做出某种调整，但要避免全盘推翻，因为这会浪费你过去的努力，除非你发现过去的规划是错的。

最重要的一点是有了规划，就要彻底执行，并且要有面对问题和挑战的勇气。若因循苟且，你的规划绝对会大打折扣，甚至根本不可能实现。

也许有人会认为未来是个未知数，一切随缘反而比较好。这种说法也有道理，不过“随缘”说起来容易，真的要达到这种境界却很难，因此面对不可知的未来，很少能坦然面对。这就像在森林中迷路一样，不知走向哪里才好。因此人生规划还是有必要制定的。虽然你的规划会因条件的变化而有所变化，但总比茫茫然不知何去何从，心里来得踏实。

规划人生能够帮助你把握前进的航向，找准自己的定位，实现人生的目标。在规划的过程中，你还可以更充分认识到自己的优势和不足，并自觉加以调整，争取达到生命的最佳状态。

心理学家们认为：“一个人的一生，总有大大小小的期望。期望是一个人的精神支柱。如果一个人没有了任何追求，他就很难愉快地生活下去。”这话绝对是真理。我们可以仔细地想一下，你每天是不是都有自己的追求，有着新的想法。人的一生充满了各种不同的追求，小到完成一篇文章、攒钱买一台电脑、拿下自学考试文凭，大到成立自己的公司等等，一个目标实现了，新的目标又出来了。如此循环往复，终其一生。

对每个人来说，在设立自己的目标时，一般可分短期目标、中期目标和长期目标。可以根据在工作的不同阶段，通过对形势发展进行的分析，确定下一步的目标。将计划进程的详细步骤列出来，可帮助你有效地对付工作或环境等条件变化可能带来的不利影响。同你的同事、朋友、上司和家人共同探讨、努力，争取实现每一阶段的目标，或者改进计划，使之更加切实可行。订立了目标之后，不管目标是什么，都必须有务必实现的决心，才能称之为“目标”，如果目标只是停留在纸上，那就失去了它应有的意义。所以，我们在订立了明确的目标之后，就要尽快地达成，这是最重要的先决条件。

当然，规划未来并不能保证将来摆在面前的一切困难和问题都得到解决或变得容易，也没有可以套用的现成公式。但是它有利于你及早发现和较好解决新难题，比如你是否需要通过培训来增加某方面的知识，是否考虑调换一下工作岗位或职业等问题。

规划未来有助于提高你解决问题和调整心理的能力。当你想成就一项事业时，它会告诉你在每一步该干些什么、怎么干，有哪些问题需要注意。虽然规划无法预见将来社会将发展到什么程度，也不能预见我们每一个人的命运，但是，按照对未来的规划有条不紊地循序渐进是最重要的，它会让我们有条不紊，少走弯路。只有这样，你才能达到在工作中不断发展自己的目的，才能让自己的人生理想不至于变成梦幻的气泡。

如何规划未来需要注意的问题很多，如果将目标定得太低，就无法充分发挥个人的潜力；目标定得太高，又无法实现。在规划未来时，我们必须衡量自己的能力，适当地高于自己能力可做到的程度，那才是好目标。

远大的目标总是与远大的理想紧密结合在一起，那些改变了历史面貌的伟人们，无一不是确立了远大的目标，这样的目标激励着他们时刻都在为理想而奋斗，因此他们成了名垂千古的伟人。

现在，找几张纸，写下自己的目标，可让目标更具体可行，而不只是漂浮在脑海中的空想而已。毕竟，一个停留在脑海中的想法，一不留神就会被其他更紧急的事情取代。如果能写在纸上，则成为一个无处不在的提醒，能够让人随时留意自己的进度。

哈佛人生箴言

人生就是一部作品，谁有生活理想和实现它们的计划，谁就有好的情节和结尾，便能写得十分精彩和引人注目。

第4讲　目标能引导你走向成功

生活中有这样一些人，他们有敢拼敢闯的精神，有超强的能力和人脉，有雄厚的资金。这些人看似拥有了成功所需要的全部潜质，可是遗憾的是，在成功的路上往往成了输得最惨的一群人。究竟是什么原因让这些人无缘成功呢？我认为是这样的：没有目标，结果只能是失败；先设定目标，后才能成功。没有目标，不可能发生任何事情，也不可能采取任何步骤。如果一个人没有目标，就只能在人生的路途上徘徊，永远到不了任何地方。

很早以前，皮色纳四周都是一望无际的沙漠，里面几乎和外隔绝，如果凭着感觉往外走，即使是最有经验的沙漠旅行者，也只会在沙漠转圆圈——他永远不会走出皮色纳。这个地方只能进不能出，所以，多少年来，住在皮色纳的人很少有人走出去过，这里也成了一个与世隔绝的世界。

后来，一位退役的军人发现，只要沿着北斗星的指引下，就会成功地走出了大漠，走出皮色纳。人们因此找到了通往外面的路，从那以后，皮色纳里的人看到了外面的世界，人们因此有了全新的生活。

人们之所以走不出皮色纳，是因为四处的沙漠没有可以参照的东西，而这位军人找到方向的参照，他成了皮色纳的开拓者。后来，人们把他的铜像竖在皮色纳这座小城的中央，在铜像的底座上还刻着这样一行字：新生活是从选定方向开始的。

走出皮色纳的关键，不是它的开拓者有多大的勇气，也不需要他有多强的能力，办法其实很简单——找一个方向，然后沿着这个方向走就可以了。在成功的道路又何尝不是这样呢？先为自己设定一个方向，然后朝着这个方向前进，你就会到达成功的目的地。

TC集团总裁布鲁克有这样一个习惯：他把要近期要实现的目标写在卡片上，然后放在上衣口袋里，每天按照卡片的记录去完成一些事。

因此，人们总会看到在布鲁克在口袋里装满了写上目标的卡片，当他每实现某个目标，就取出那张卡片。人们看到，布鲁克年轻的时候就这样做了。今天，他已经是德克萨斯州最成功的人。

很多人向布鲁克请教成功的秘诀，但当人们听了布鲁克做法时，大都不以为然。

布鲁克有一位朋友是做保险的，和其他人不一样，他非常相信布鲁克的秘诀，因此，试着按照布鲁克的做法，在每个月前，将自己的推销目标写在卡片上放在口袋里，然后用最大的努力去现实。

“你获得了什么样的结果呢？”一段时间之后，有人问他。

他回答说：“你能相信吗？营业额正好增加了50%。如果没有实行布鲁克教我的方法，我可能仍旧徘徊在公司最低的业绩边缘。他的方法使我拥有了从来没有过的积极态度，我的能力好像提高了不少。总之，我现在的业绩仍在持续增长中。”

布鲁克的成功以及他朋友业绩的增长，仅仅是因为懂得先设定目标，然后完成它——多么简单的方法呀！可见，成功并没有那么难。如果分析一下世界上的成功者，可以发现他们都有共同的特点，那就是他们都拥有人生的明确目标规划。他们会为这个目标反复思考，努力实践，直到赢得属于自己的精彩人生。

拿破仑•希尔说：“正确的心态只是成功战略的第一步，一旦打下了基础，你就可以在上面建筑了，而目标则是构筑成功的砖石。”

其实，早早为自己设定目标，不仅是界定追求的最终结果，它的作用具体体现在8个方面：

（1）目标让我们做事更有积极性；（2）目标让我们看清自己的工作使命；（3）目标让我们做事时分清轻重缓急；（4）完成目标的渴望能激发我们的潜能；（5）目标让我们有效地把握现在；（6）目标有助于评估工作的进展；（7）目标让我们提前规划工作和生活，预防意外发生；（8）目标让我们快速实现工作成果。

哈佛人生箴言

一个人做什么事情都要有一个明确的目标，有了明确的目标便会有奋斗的方向——这是获得成功的诀窍。学会为自己设定目标吧，这样，成功就会在不远处等着你。

第5讲　心有多大成功就有多大

我在研究那些成功人士后发现，他们成功之前，往往都有自己的理想，然后追逐自己的理想。的确，一个没有理想与抱负的人，便没有未来。所以，我十分重视理想的力量。人有了理想之后，工作就不会觉得辛苦，吃点亏也不会去计较，成功中也会增加很多力量。

约翰的父亲在马戏团工作，所以，约翰从小就必须跟着父亲东奔西跑，一个地方接着一个地方演出。由于经常四处奔波，约翰的求学过程并不顺利。

中学时，有次老师叫全班同学写作文，题目是“最幸福的事”。那晚，约翰洋洋洒洒写了7张纸，描述他想象中的最幸福的人生，那就是拥有一座属于自己的农场。他为此还画了一张200亩农场的设计图，马厩、跑道等的位置也标得一清二楚，在这一大片农场的中央，他还设计了一栋豪华别墅。

约翰花了很多时间把作文完成后交给了老师。两天后，他拿回了自己的作文，看见上面打了一个又红又大的“×”，老师在旁边还写了一行字：抽空来见见我。

下课后，约翰带着作文去找老师：“为什么我的作文不及格呢？”

老师回答道：“你年纪这么小就做白日梦。你看，你不仅没钱，家庭也没什么背景，可是盖座农场是需要很多钱的。小孩子别太好高骛远了，我想你如果重新写一篇，理想是切实可行的，我也许会考虑重新给你打分。”

约翰闷闷不乐地回家，不知道该怎么做，于是就去征询父亲的意见。

父亲告诉他道："孩子，这是非常重要的事，你要自己拿主意。"

最后，约翰决定一个字都不改，还是交回原稿。他对老师说："即使不及格，我也不愿放弃对自己幸福的设计。"

十几年后，和约翰当初设计的一样，他真的拥有了200亩农场，农场中央有一栋豪华的别墅，别墅里面放着约翰念中学时写的那篇作文。

后来，那位老师带着学生来约翰的农场露营。在见到约翰时，老师说："你读中学时，我曾泼过你的冷水。这些年来，我后悔对不少学生说过类似的话，幸亏你有信心坚持自己的梦想，能够大胆地规划幸福。"

心有多大，成功就有多大。约翰能找到自己的幸福，充分证明了梦想的伟大力量。美国总统威尔逊说："我们因有梦想而伟大，所有的伟人都是梦想家。他们在春天的和风里，或是冬夜的炉火边做梦。有些人让自己的伟大梦想枯萎而凋谢，但也有人灌溉梦想，保护它们，在颠沛困顿的日子里细心培育它，直到有一天得见天日。这些是诚挚地希望自己的梦想能够实现的人，所以，请你不要放弃，相信自己，也要相信自己的梦想，不要在自己的心里轻易的否决它。"

微软的一位主管和微软总裁比尔·盖茨在主持面试的时候，同时有三个应征者脱颖而出。最后，主管问他们："进微软以后，你们有什么打算？"

第一个人说："能进这么伟大的企业工作是我的荣幸，我将尽全力做好自己的本职工作，争取把分内的一切事情做到最好。"主管赞许地点了点头。

第二个人说："不瞒您说，我感觉自己的压力很大，微软是一个优秀人才聚集的地方，如果我能有幸进入的话，我希望适应的这一段时期内不要犯什么错就好。"

第三个人则说："每个人都希望有发挥自己才能的舞台，而微软，正是一个发挥能力的好舞台，我希望能把任何一份工作都当成一个学习和积累的机会，最终成就一番大事业！"

比尔·盖茨笑着问："那么，您所指的事业，是指什么呢？先生？"

那位应试者说："和您一样，先生。"前两位面试者当中有一位是第三位面试者的朋友，他拼命地给第三个面试者使眼色。

没想到，比尔·盖茨说："好，心有多大，舞台就有多大，既然你有雄心，我愿意为你提供这个表现自己的大舞台。"

会后，面试官不解地问比尔·盖茨："那个人要么是个空想家，要么是个狂妄自大的家伙，即使他真的有才能，从他说的话来看，他将来即使是成功了，也不会再留在公司，为公司所用，为什么还要录取他呢？"

比尔·盖茨说："一个人能否取得成就，与他的志向有着直接的关系，一个没有大志向的人，即使再有才能，也不可能取得大的成绩，因为他的人生目早已被他的鼠目寸光给羁绊住了。也许像你担心的那样，他将来有所成就的时候可能会离开微软，可是他为公司创造的利润将会比任何普通员工都大。这对我们而言，并没有失去什么。"

果然不出比尔·盖茨所料，微软在录取了这三个人之后，前两个工作都兢兢业业，成为合格的员工，而最后一个人则工作出色，很快就进入了公司的管理层，为微软的发展做出了很大贡献。后来，离开微软后成为一家著名企业的主管。

志有多高，路就有多远！这就是一个成功者的至理明言。成功的人，都是从基层一步步走向成功金字塔的顶端的，他们的成功都有着一个共同的秘诀，那就是，让自己拥有一颗高远的心，在广阔的舞台上点亮自己理想的明灯，尽情地挥洒自己的才华，最终获得经久不息的的喝彩与掌声。

哈佛人生箴言

人生就好像爬山，最重要的是先给自己定一个高度，如果你只把自己的人生目标定在半山腰，那么你就绝对不可能爬上荣誉的顶峰。

第6讲 再难也不要找借口

有人统计，从二次世界大战至今，西点军校培养出来的董事长有1000多名，还有许多高级管理人才，他们都分布在世界500强的企业里。

人们因此会问：为什么西点军校能培养如此多的公司精英，他们在西点军校里学到了什么？于是，人们开始研究西点军校，最后得出6个字：没有任何借口。

原来，西点军校奉行的最重要的行为准则就是“没有任何借口”，它要求军校的每一个人都应该想尽办法去完成任何一项看似困难重重的任务，不能有任何借口。在西点军校，寻找任何借口、最合理的借口，都会被视作是开脱自己、推卸责任的推辞。成功的人会没有任何理由、不带任何借口地努力圆满地完成任务，直逼目标而义无返顾。”

的确，要成功就不要有借口，巴顿将军的故事充分说明了这个道理。

有一天，潘兴将军派巴顿去将一封重要的信送给豪兹将军。但巴顿并不知道豪兹将军在哪里。关于豪兹将军的唯一一个信息是，他已通过普罗维登西区牧场。

虽然所知道的情况还不足于找到豪兹将军，但军令如山，巴顿没有说什么，而是在天黑前赶到了西区牧场。在那里，巴顿碰到自己的运输队，于是要了两名士兵和三匹马，顺着这个连队的车辙前进。

随后，巴顿遇到了自己的一支侦察巡逻兵。他们告诉巴顿不要再往前走了，因为前面的树林里就会有敌人。但巴顿没有听，而是不顾危险继续往前走。

再后来，巴顿又遇到自己的一支骑兵巡逻队。他们告诉巴顿千万不要往前走了，因为峡谷里到处都是敌人，而且他们也不清楚豪兹将军的踪迹。

但是巴顿仍继续前进，最后还是找到了豪兹将军。

就这样，巴顿完成了别人认为不可能完成的任务，成为了一则永远传颂的战地佳话。

在寻找豪兹将军的过程中，巴顿绝对有借口为保全自己的身家性命而返回，但是巴顿没有，正是这种“没有任何借口”的精神，才让巴顿成长为一名伟大的将军。

成功总是属于那些不找任何借口去执行的人，而失败者通常是制造借口与托辞的专家。失败者总能想出各式各样的理由为事情未能按计划实施而辩解。“做起来难度太大了。”“客户不配合我有什么办法。”“我实在太忙，把这件事给忘了。”“时间太短了，怎么可能完成。”等等，听上去好像是合情合理的解释。殊不知，再完美的借口，都是对自己不负责任的开脱。

有多少人因为借口而耽误了自己的前程！有多少人因为借口而错过成功的机会！

罗斯是公司里的一名销售员，业绩一直不错。有人说，他要是继续努力，一定会成为公司的销售总监。

有一次，他负责公关的一笔业务被竞争对手抢先拿走了。因为是竞争不力失去了这笔业务，但事后为了维护面子，罗斯向上司解释说是因为自己的腿伤发作，自己比竞争对手晚去了半个小时造成的。上司知道罗斯很有能，工作一直也很卖力，而且腿伤也是因前几年出差伤的，所以相信他的话，并未对他有任何责备之意。

后来，罗斯看到腿上是他推卸责任的好借口，于是一碰到难办的业务就找借口能推就推，好办的差事能抢就抢。更可怕的是，自己的业务一旦没有按照公司的要求完成，他就找出种种借口为自己开脱。慢慢地，找借口成了他的习惯。

一年后公司按绩效施行裁员，罗斯被公司辞退了。

借口可能会让在面子上好看一些，但他却是一个平庸的原罪。所以，一个人千万不要为某个困难或自己未能实现某种目标而找理由。正确的做法是，抛弃所有的借口，找出解决问题的方法。那些取得成功的人，虽然成功的因素各不相同，也并非都有超凡的能力和超凡的心态，但他们却有一个共同的特点：他们从不为自己的工作找任何借口。

哈佛人生箴言

喜欢寻找借口是对责任的推脱，会在不经意中抹杀了本该属于自己的成功。所以，成功者做事情，不管困难有多大，他们都会义无反顾去执行。

第7讲　不满足是实现成功的动力

我们所生活的这个世界上，没有一成不变的环境与事物，每个人随时随地可能都需要转换生活方式、生存环境、生存角色、生存意识。如果始终拘泥于一种思考方式、一个固定的位置和满足于当下的生活状态，那么，他就会成为井底之蛙，看不到更广阔的空间，得不到更长远的发展。

在一次培训课上，我和我的学生们做了这样一个互动。

我首先在黑板上画了一幅图：一个人站在一个圆圈中间。接着，他在为圆圈的这个人画上了房子、汽车和一些朋友。

我问："站在圆圈中间会让你们觉得很舒服。这个圆圈里面的东西对你们也是至关重要的，因为这里有你的住房、你的家庭、你的朋友，还有你的工作。站在这个圆圈里你会觉得自在、安全。现在，谁能告诉我，当你跨出这个圈子后，会发生什么？”

教室里顿时鸦雀无声，一位学生打破沉默：“我会害怕。”

另一位说：“可能会出错。”

这时，我问：“当你害怕，或者是犯错误了，其结果是什么呢？”

最初回答问题的那名学员大声答道：“增加了我的胆量，从中会学到东西。”

我说：“是的，你不在会惧怕什么了，你还会从错误中学到东西。当你离开‘舒服区’以后，你会学到以前不知道的东西，你增长了见识，所以，当你跨出来以后，你就进步了。”

我再次转向黑板，在原来那个圈子之外画了个更大的圆圈，还加上些新的东西，如更好的车子、更大的房子等等。不言而喻，当一个人跨出的圈子越大，他收益的就越多。

“如果满足于现有‘温床’，你就永远无法扩大你的视野，永远无法学到新的东西。只有当你跨出‘温床’这个舒服区以后，你才能使自己人生的圆圈变大，你才能把自己塑造成一个更优秀的人。”我说道。

在这次培训课上，我意在告诉学生：人所生活工作的环境就是一个圆圈，在这个圆圈里，因为熟悉和习惯，也因为拥有了一些东西，所以自己觉得这是个不错的区域，乐在其中，很少有人愿意离开这个区域，但如果不走出这个舒服区，人生的圆圈就只能那么大，你得到的只会是那么多，见识也就那么少，只有勇敢地跨出自己的舒服区，才能拓展自己的视野，也才能得到更多的东西。

一个成功的人总善于和自己较劲，以期达到新的人生状态。这种永不满足的性格能能够激励一个不断去拼搏；能让一个人从弱者变成强者，从贫穷走向富裕，从失败走向成功。

我在宾西法里亚工作的时候，一次，我的一个好朋友去看我。我带着朋友到一家豪华的大饭店去用餐。朋友说：“都是老朋友了，随便找个地方吃点就行了，何必这样破费呢？”

我回答说：“我承认，我的薪水不高，但一有机会，我还是带朋友来这里，因为到这个地方来对你我都有好处。你只有到这个地方来，看到那些成功人士的生活，你才会努力改变自己的现状。如果你只是去中等饭店，永远也不会有这种想法。我相信只要努力，总有一天，我会成为这里的常客。”

因为在我看来，人只有不满足自己的现状，才会产生出动力，去改变自己。如果满足自己已经取得的现状，你就不会有所成就了。

约翰是美国某铁路公司总经理，很少有人知道，他刚到铁路公司时，只是一个三等列车上的工人，周薪只有十美元。因为工作努力，很快他被提拔为管理制机的工人，一周能拿十二美元。

一天，有个老工人告诫他说：“不要以为做了管理制机的工人就觉得了不起。告诉你，你想当车长，你还得有很长一段路要走。到那时，你才可以趾高气扬，享受一周一百美元的待遇。”

没想到约翰满不在乎地说：“难道做了车长就是我的目标吗?我还准备做公司的总经理呢！”

当下，社会竞争日趋剧烈，只有不断提升自己，你才能有足够的能力来应对社会的变化。如果你满足现状，不思进取，那么，你不仅不能维持现状，而且可能会使你在不远的将来无法生存。所以，聪明的人往往不敢满足现在，他们始终在勤奋努力，保持进取心。

哈佛人生箴言

不满足是成功的动力，有了这个动力，你就能够克服所有的困难，不断提升自己，不断改变自己，实现自我价值。因此，不满足的性格正是成功的保证。

第8讲　不规划时间的人永远是失败者

“唉！工作又没完成”，“唉哟！我怎么又忘了”，“我真后悔，一辈子居然一事无成。”当听到这些人的叹息声，真想对他们说，真笨啊，怎么不事先设计好自己的时间呢？

用好时间是非常重要的，一天的时间如果不好好规划一下，就会白白浪费掉，就会消失得无影无踪，我们就会一无所成。世上有许多的人埋怨自己没有成功的事业，可惜他们不知道自己是利用时间，怎样安排和设计时间的。

巴西就是一个不懂得规划时间的国家，从巴西人很少有人戴手表就能看得出来，据说即使戴了表，也不太准确。

一个叫鲍伯的人跟巴西的一家飞机制造公司签约，因为巴西人拥有汽车的很少，只好坐公交车前往。但鲍伯根本不了解巴西的习惯。他甚至提前了15分钟，可是巴士司机把车丢在半路，自己已不知去向。这下可把鲍伯急坏了，因为这家公司的总裁要乘飞机去印度考察，前天吃饭时已经跟鲍伯约好了，让鲍伯在9点前赶到，否则这桩1亿多美元的生意就完蛋了。

鲍伯几次想下去找这个巴士司机，可又不知去向。只好坐在车上等了。大约20分钟后，巴士司机才慢慢悠悠地出现了，边走边吃着最后一口三明治，他向乘客说了一句：“谢谢大家在等我”，才开车上路，等鲍伯赶到这家公司时，公司里的人说老板实在无法等到你，就急着赶飞机去了，说等他回来再说吧！

等鲍伯一个星期后，来到这家公司时，公司总裁早已跟别的公司签了约。鲍伯实在感到无奈和愤慨。

读完这段故事，你是否会觉得规划时间是多么重要。所以，成功者往往很会规划自己的时间，他们守时、准时和省时。在行动之前，他们往往会先规划自己的时间，从不轻易浪费时间了，从而尽快地提高了实现奋斗目标的效益。

在1964年，哈佛大学工学院做了这样一项调查，他们对近3000名经理作了如何用时的研究，发现这些人有一个共同点，那就是都能做到精于安排时间，使时间的浪费减少到最低限度。无独有偶，《有效的管理者》的作者杜拉克说："认识你的时间，是每个人只要肯做就能做到的，这是一个人走向成功的有效的自由之路。"

不能逆转，不能贮存，不能再生是时间的最大特点，没有时间就不会有成功，因此我认为："一切节约归根到底都是时间的节约"。他根据实践经验，将时间规划概括为下列五个方面：

要善于集中时间。切忌平均分配时间。要把自己有限的时间集中在处理最重要的事情上这样才能有效利用时间。

要善于把握时间。必须善于审时度势，捕捉时机，把握"关节"，恰到"火候"，赢得时机。

要善于处理两类时间。不浪费自己时间，不占用他人的时间。

要善于利用零散时间。要珍惜并充分利用大大小小的零散时间，从而最大限度地提高工作效率。

要善于运用会议时间。召开会议是为了沟通信息、讨论问题、安排工作、协调意见、作出决定。

哈佛人生箴言

如果不规划时间，只是盲目地，无限期地去追求自己的目标，你最终也许会走到一片沼泽地，让你终身难以走出窘境。

第9讲 选择好人生的进退

“进”与“退”都是处世行事的技巧，是恰到好处的中庸之道，把握中庸，便有了进与退的判断标准，是进是退都有章法。该进的时候不进会失去机遇，该退的时候不退会惹来麻烦，甚至是祸害。

一般说来，不外乎有这样两种原因：一种是身处逆境之人虽能识之，但不能做；另一种是身处顺境之人虽能做之，但不能识。

身处逆境，思量最多的就是如何能摆脱眼前不利局面，力争早日振作起来，因此，他们脑子里萦绕最多的便是“进一步山穷水尽，退一步海阔天空”，但思来想去，总觉得自己背水一战，退无可退。那么只能向前踏进，而结果，依然是落了个“山穷水尽”的地步。

相反，身处顺境的人，思量最多的则是如何抓住眼前红红火火的大好局势，进一步扩大自己的势力和影响，“好风凭借力，送我上青云”。尽管也时时有“高处不胜寒”的感觉，但是，他们当中又有几人能想到“退”字呢?

你或许还不太明白这其中的利害关系，好，且让我们来举例说明。

美国前总统克林顿跟莱温斯基的那场“拉链门”风波闹得沸沸扬扬。我们可以想一想，当克林顿与莱温斯基的事情东窗事发，克林顿采取推脱的态度，这也是一种选择。当着全世界人的面，堂堂的美国总统承认自己的丑事，这是多让人难为情的事情啊！但克林顿聪明之处就在于，他采取了一种以退为进的策略，承认了自己的错误。这么做，其实是将包袱扔给了所有的美国人：我已经承认了我自己的错误，你们有权利让我下台，你们也有权利让我继续留在总统的位子上。对一个已经承认错误的人，你们就看着办吧！结果表明，克林顿胜利了。

同样是美国总统，当年肯尼迪在竞选美国参议员的时候，他的竞选对手在最关键的时候轻易地抓到了他的一个把柄：肯尼迪在学生时代，因为欺骗而被哈佛大学退学。这类事件在政治上的影响是巨大的，竞选对手只要充分利用这个证据，就可以使肯尼迪诚实、正直与道德的形象蒙上一层阴影，使他的政治前途黯然无光。一般人面对这类事情的反应不外是极力否认，澄清自己，但肯尼迪很爽快地承认了自己的确曾犯了一项很严重的错误。他说："我对于自己曾经做过的事情感到很抱歉。我是错的。我没有什么可以辩驳的余地。"肯尼迪这么做，等于说"我已经放弃了所有的抵抗"，而对于一个已经放弃抵抗的人，你还要跟他没完没了吗？如果对手真的继续进攻了，显得对手没有一点风度。

所以，我们应记住一个基本原则：一个人既然已经承认错误了，那么你就不能再去攻击他，再去跟他计较。无论是克林顿还是肯尼迪，他们都没有因为有过劣迹而受到过多的伤害，相反的是，他们还都将它转变为了一个优势。这从肯尼迪后来当选总统和克林顿的事情完全在互联网上披露后支持率反而上升就可以得到证实。他们承认自己有过错误，他们就已经将自己人性化了：我们和平常人一样，也会犯错；同时，承认自己有错，赢得人们的同情。而别人这时也乐得做顺水人情。

这是在被动的情况下以退为进的策略。在主动的情况下，由于彻底解决某个问题的时机没有完全成熟，也可以采用这种策略。

对于成功者来说，只要人生目标的大方向没变，有时候选择以退为进的策略，才不失为一种明智的选择。

我们在谈到成功之道时，更多地强调要有一种勇往直前的精神，一种积极进取的精神。但有时候，如果一味地硬冲硬打未必是一种最好的方法，以退为进方是一种人生的策略。

诺贝尔奖得主莱纳斯•波林说：“一个好的研究者知道应该发挥哪些构想，而哪些构想应该丢弃，否则，会浪费很多时间在差劲的构想上。”有些事情，你虽然尽了很大的努力，但发现自己处于一个进退两难的地位，你所走的研究路线也许只是一条死胡同。这时候，最明智的办法就是抽身退出，去研究别的项目，寻找成功的机会。

牛顿早年就是永动机的追随者。在进行了大量的实验失败之后，他明智地退出了对永动机的研究，在力学研究中投入更大的精力。最终，许多永动机的研究者默默而终，而牛顿却因摆脱了无谓的研究，而在其他方面脱颖而出。

哈佛人生箴言

在人生的每一个关键时刻，我们都要审慎地运用智慧，做最正确的判断，选择正确方向；同时别忘了及时检视选择的角度，适时调整。丢掉无谓的固执，冷静地用开放的心胸做正确抉择。每次正确无误的进退将指引你走向成功。

第10课

哈维·曼斯菲尔德教授关于“爱”的讲座

——爱是生命最艳丽的色

人们这样解释“I LOVE YOU”：I代表Inject（投入），L代表Loyal（忠诚），O代表Observant（用心），V代表Valiant（勇敢），E代表Enjoyment（喜悦），Y代表yes（愿意），O代表Obligation（责任），U代表Unison（和谐）。真爱的体现就是有投入、忠诚、用心、勇敢、喜悦、愿意、责任，还有和谐。

曼斯菲尔德，出生于1932年。自1949年进入哈佛大学学习以来，便从未离开过哈佛：他于1953年取得哈佛大学学士学位，1961年取得博士学位，并留校执教至今。曼斯菲尔德现任哈佛大学政府学系William R. Kenan, Jr.教授。他曾获得2004年的“国家艺术及人文奖章”，并为美国全国人文学基金会2007年杰斐逊讲座做过演讲。

曼斯菲尔德是施特劳斯学派的重要人物之一，他在多次访谈中都表示出对列奥·施特劳斯的工作的尊重，并承认施特劳斯对他自己的政治哲学思想有很深的影响。他的很多著作都已被翻译为中文，包括《新的方式与制度–马基雅维利的〈论李维〉研究》（华夏出版社2009版），《驯化君主》（译林出版社2005年版）与《男性气概》（译林出版社2009年版）。

第1讲 没有爱就没有生命

心理学家弗洛姆曾经说过这样的话语："生命是不可以没有爱的，没有爱的生命是不能在世界上存在的，哪怕是一天！"是的，没有爱的生命会意味着什么，孤独？寂寞？还是焦灼？总之人生的一切痛苦都会随之而来。有爱，才可以快乐。当内心有爱时，每一句话都是快乐的音符。当内心有爱时，每一个动作都会播下快乐的种子。当内心有爱时，我们周围的阳光也会跳起快乐的舞蹈。

快乐是什么？是爱，是真爱。在我们每个人的心里，都存在着一种信念，它提醒着我们什么是我们最珍视的、最渴望的东西，那就是爱。在《睡美人》这个神话故事中，女主人公从一位英俊的王子那里得到深情的一吻，因而从漫长的睡梦中醒来，来到王子居住的宫殿，从此两人过上了快乐的生活。这就是真爱的力量。

快乐是爱最重要的元素和色彩，它依赖爱的存在而存在，所以，有爱才会有快乐。人生要是没有了爱，那么什么都消失了，阳光风景，浪漫情怀一切的一切都可以消失殆尽！有爱心会支持这世界，世界才会美好起来。

一天，俩个衣衫褴褛农村兄弟，大的10岁，小的才5岁，他们来到城里讨饭。他们敲响第一户人家的门，这家人在门里说："自己去干活挣钱，有钱就有饭吃了，不要来麻烦我们。"他们又来到另一户人家的门口，里面的人说："我们这里是不会施舍任何东西给叫化子的。"

遭到了很多次的拒绝与斥责，兄弟俩很伤心。最后，他们遇到了一位好心的妇人对他们说：“嗷，我可怜的孩子，让我去看看有什么东西可以给你们吃。”过了一会儿，她拿了一瓶牛奶送给了兄弟俩。

兄弟俩坐在公园的草地上，像过年一样高兴。弟弟双眼凝视着牛奶，对哥哥说：“你是哥哥，你先喝！”哥哥看了看弟弟，拿起奶瓶假装喝了一口。其实他双唇紧闭，一滴牛奶也没喝到。然后，他把奶瓶递给了弟弟，“现在轮到你了，一次只能喝一点点嗷。”

弟弟急忙接过奶瓶，喝了一大口，哥哥又接过瓶子，假装喝了一口。就这样奶瓶在兄弟两个手里来回传递，哥哥一会儿说：“现在该你了。”一会儿说：“该我了。”一瓶奶就这样喝完了，而哥哥一滴也没有喝到。

哥哥付出了爱心，得到的是弟弟的满足和快乐。哥哥因付出得到了回报而幸福，当然，这种爱的回报是无限的。虽然他肚子空空，却幸福满满。

只要有爱就有足够的力量和信念去改变这个世界。心中有爱的人即使孤苦伶仃、无家可归，生活都会有希望，就会有勇气把梦想变成现实。心中无爱的人即使锦衣玉食、子孙满堂，活着也是行尸走肉，因为他们已把心灵带进了坟墓。正是因为有爱，才使我们的生命有了光芒和色彩。

爱是接纳并且鼓励别人，爱是一种人与人的相互给予。我们也许正缺少这种爱意。我们之中有许多人一生中都只会依照自己的方式去爱，而忽视了别人的需求。举例来说，当我们在家里准备晚宴的时候，最在意的是家看起来亮不亮堂、菜肴精不精美，而不是我们的亲人。我们也许忘记了答应孩子们去野游的承诺，而只是以忙为借口。我们也许有一年没有送圣诞礼物给自己最好的朋友，原因是想不出送什么合适的礼物。我们一心所想的只是自己的风光和体面，而从未意识到如果沉迷在自我之中，将会没有办法向别人表达出真正的爱！

如果是这样的话，我们不妨尝试着去表达这种对亲人和朋友的真爱，我们会发现，表达或是给予真爱，会使我们感到快乐和满足，而这正是我们获得人生快乐的源泉。

在现代生活中，繁忙使我们的心灵处于沉睡状态，往往忘了什么是最要紧的东西，忘了爱到底是什么。

有个小男孩非常渴望见到上帝。他知道要走很远的路才能见到上帝。他收拾好行囊，戴上了几个面包几瓶酸奶上路了。

他走几条街，有点累了，这时他看见了一位老婆婆坐在公园的长椅上，聚精会神的望着在草地上啄食的鸽子。

小男孩想休息一会儿，就在老婆婆旁边坐下了。他又从包里拿出一个小面包，正要往嘴里送，却发现老婆婆正望着他，好像她也很饿了。于是他把小面包送了上去，老婆婆微笑地接过面包。老婆婆笑得真好。小男孩还想看，于是他又送给她一瓶酸奶。老婆婆又送给他一个感激的微笑，小男孩高兴极了。

他们就那样一边吃，一边笑，在长椅上坐了整整一个下午，一句话也没说。天快黑了，小男孩起身准备回家，走了几步，又转回来，他张开双臂紧紧地拥抱老婆婆，而她回送给他最美丽、最动人的微笑。

小男孩回到家，妈妈马上发现儿子的脸上洋溢着喜悦，于是她问："今天你怎么这么高兴？"

"我今天和上帝一起吃了午饭，"看着妈妈惊讶的表情，自得其乐地说道，"你知道吗，我从没有见过像她那样美丽的笑脸。"

就在同时，老婆婆也回到家了，她也是满脸喜悦。她的儿子十分奇怪地问："妈妈，什么事让你今天这么高兴？"

"今天我和上帝一块儿吃面包了，"儿子还没反应过来，她又补充了一句，"你知道吗，上帝可真年轻！"

爱是我们一切事务，包括工作、家庭、人际关系等成功的关键，快乐的真正秘诀就是爱。我们必须对自己有足够的爱，以便认识到我们有能力获得快乐。我们必须相信，我们周围的人需要我们，以求获得快乐的生活。

只有做个懂得爱的人，才会真正走上幸福之路。一旦我们生活在爱之光的照耀下，我们自己就将成为一座灯塔。与其被人爱，毋宁去爱他人。因为，一个人只有忘我，才能发现自我；只有宽恕他人，才能被他人宽恕。快乐会在爱与被爱的缝隙中爆发出来。

哈佛人生箴言

我们只有爱他人，才会得到他人的爱；只有做个懂得爱的人，才会找到真正的快乐。

第2讲 心中有爱，生活就充满快乐

耶稣说：“慈心，是亲爱和好的心，希望他人有幸福，是君子心。要做什么事，都要有爱心；要说什么话，都要有爱心；要想什么事，都要有爱心。这样做，爱心会支持这世界，会使世界有福乐、和敬同住、不相疑忌、不相仇视。这样，全世界会美好起来，一切众生，亦都是很安乐的。”

一位对小时候的我很好的女士病了，我连忙去看看她。

她住在一间简陋得难以想象的屋子里，屋里除了一床肮脏破旧的被子，一把黑糊糊的茶壶，几乎找不到一件像样的家什。

我记得，自己在上小学的时候，她家显得比较殷实，常常在课间，我会偷跑到离学校不远的她家，因为在那里总是能找到面包之类的食物，以填充我那仿佛永远也填不满的胃。对我，女士总是那么大方地拿出最好的东西，从无悭吝之心。

如今，91岁的她虽然住在简陋的破屋里，由50多岁的儿子照料，但心情仍是那么开朗。滔滔不绝地向我讲述她从各处听来的逸闻趣事，逗得我开怀大笑。

我知道她之所以心情开朗的原因，由于心中有爱，在遭遇病痛艰难时，就不会将自己的苦难归罪于他人而怨天尤人。

其实，如果每个人都能对他人有份爱心，那么，即使他身处困境，都能保持愉悦的心情，生活充满阳光。

爱是改变这个世界惟一的力量和信念。心中有爱的人即便是在风餐露宿流浪的人群中，生活都会有希望，敢把梦想变成现实。而没有亲情和被爱遗忘的人，活着也是行尸走肉，他们把心灵带进了坟墓。正是爱，才使我们的生命有了质的不同。

在一家医院里，同时住进了两位病人。当化验结果出来后，甲当即列了一张告别人生的计划单离开了医院，而乙却住了下来。

住下来的乙每天衣衫褴褛，神情萎靡，但医生仍按平常的惯例来询问他："先生，您想吃点儿什么吗？"乙摇了摇头，默不作声。

"先生，那您有什么喜好吗？"医生想用心理疗法来给他治疗，但乙还是摇了摇头。医生不甘心地又问："你没有家？""没有。与其承担家庭的负累，不如干脆没有。"年轻的乙说。

"你没有你的所爱？"

"没有，与其爱过之后便是恨，不如干脆不去爱。"

"没有朋友？"

乙叹了一口气说："唉！没有。在这个世界上，除了我自己的躯体外，我一无所有。朋友与其得到还会失去，不如干脆没有。没人爱我，我又何必去费心费力地爱别人呢？"

医生听了之后，叹了口气，转身走了出去。他说："我医治过成千上万的病人，每次都是全力以赴，但这个病人，我想是彻底没有希望了。"

而甲出院后，便开始了游历。首先去了他童年居住的地方，看望了那些抚养他长大的亲人；第二个月，又以惊人的毅力和韧性到欧洲旅游，领略了梦中向往的风光；第三个月，他登上了埃菲尔铁塔，还去大学拜见了一个自己心目中向往的导师；第四个月，寻找往昔的朋友相聚了一次。下半年实现了他写一本自传的夙愿，把自己奋斗的历程和一些处世哲理送给了自己的女儿。

他说："为了那些爱我的人和我爱的人，我要好好活过每一天，不留遗憾地离开这个世界。现在我才体会到心中有爱，生活就充满希望，有爱就有真正的生命和人生。”

其实，那时甲患了绝症，而乙短期治疗即可痊愈。但一个对生活没有任何留恋的人生活还会有希望吗？一个没有爱心的人单靠医生的医治，也无法使自己好转起来啊！在这个世界上，人们之所以身临绝境也没有放弃生活的希望，就是因为世界上有值得自己爱的。所以，我要告诉各位，美应该是内化的，一颗善良的心、包容的心、善待他人的心、能容得下天地万物的心、知道礼义廉耻的心才真正是让人永保美丽的正因。千万不要小瞧了心的力量，它实在可以改变一个人从内到外的一切。

有时，你所在乎的人似乎对你漠不关心，你会因此感到心情沉重。但是，这不是沮丧的好借口。既然你坚信你对他人怀有慈悲心，别人的忘恩和不在乎无关紧要。当内心有爱时，四周将环绕着光明。当内心有爱时，每一句话都含有欢乐的气氛。当内心有爱时，时光将轻缓、甜蜜地流逝。

哈佛人生箴言

如果每个人都能对他人有份爱心,那么,即使他身处困境,都能保持愉悦的心情，生活充满阳光。

第3讲　爱，要学会分担

当你爱一个人的时候，应该懂得本着什么样的心态去爱，用什么样的行动去爱。如果说按对方所需要是真爱的行为，那么有一颗悲心就是真爱的心态。在生活中，我们拿什么去止息和转化别人的痛苦，减轻别人的忧伤呢？告诉你，最直接有效的办法就是分担。道理很简单，别人肩负100斤的重担，你给他分担50斤，别人的担子就会轻很多。别人就会因为你的分担而减轻重压的痛苦。有这样一个感人的故事：

爱利奥，是一名小学五年级的学生，她家的生活很清苦，生活的重担全压在父亲一个人的肩上，父亲白天在工厂上班，利用晚上的时间抄写封条来挣些零花钱补贴家用。小爱利奥想帮父亲抄写封条，从而减轻父亲压力，但是父亲没有答应。于是爱利奥每天晚上等父亲着了，自己再偷偷地爬起来抄写封条。因为父亲每天干得很晚，从来不会留意字迹的不同，第一周父亲领了工资回来，因为抄封条的收入多了不少，他非常开心，还带了一个鸡腿庆祝。爱利奥看着父亲脸上久违的笑容，心里也美滋滋的。长期以来，导致了爱利奥睡眠不足，功课退步，不知情的父亲还经常为此责骂她，小爱利奥默默地忍受着。直到有一天，父亲才明白了一切。

爱利奥为父亲减少了痛苦，这就是真爱。其实，每个人都无法脱离他人、脱离社会而独立存在。天下间的任何一个人，不管你有多少财富，有多大能力，都有需要他人帮助的时候。很多时候，人与人在一起不是需要享受，而是需要分担，这是人与人相处最大的意义。亲情也好，爱情也罢，唯有分担才有真爱。

从前有个商人要远行，他带了一匹马和一头驴，在路上他让驴驮着所有的东西。驴太累了，于是对马说："请帮帮我吧，为我分担一点身上的东西吧，要不然我会没命的。"马没说话装作没听见。没多久驴被累死了。商人没办法只好买了驴肉，剥下驴皮，然后将所有的货物连同驴皮都放在了马背上。马后悔极了，哭着说："假如我当时愿意为我的朋友分担一些货物，那我现在就不会这么累了。"

没有分担的世界是苦的，没有分担的世界是冷的，没有分担的世界更是悲惨的。——真爱的世界哪能是这样的呢？想想看，当爱人不堪重负的时候，而你却袖手旁观，爱又在哪里呢？分担重担，分担忧伤，分担苦楚，这样才是真爱。

看看秋天的大雁吧，它们长途跋涉向南方飞行，那么远的距离，它们如何坚持下来的呢？这就是大雁的V字队形理论。它们用叫声相互鼓励，轮流做领头雁，雁群中的每一个成员都会主动分担责任。当有一个大雁受了伤，队伍中会有两个大雁保护和陪伴它。正是这种相互分享力量、相互承担责任的精神，支持着他们飞完全程。

同样地，如果我们在学习中，在生活上也能够像野雁一样分享彼此的力量，分担彼此的压力，彼此借力共同完成艰难的长途跋涉，那么我们也一定能够完成更伟大的目标。

墨西哥北部有个小村庄，村口住着户人家，一家，夫妇两都很健康；而另一家，男人是双目失明，女人是下肢瘫痪。很多人都以为，夫妇两都很健康的那一家一定过得幸福快乐，残疾的那一家肯定过得穷苦艰难。但事实恰恰相反，健康的夫妻总是吵架，家庭气氛非常紧张。而残疾的那家人一天到晚总是开开心心，脸上始终闪烁着幸福笑容。于是，健全的那家人很纳闷，于是就去问残疾的那家人，为什么我们什么都有了，却不快乐；而你们家过得这么艰难，却能过得这么开心呢？瘫子说，我为什么不高兴呢？我不能走路，但他愿意做我的双腿，让我跟其他人一样看到这美丽的世界；瞎子说，我虽然看不到东西，但是愿意做我的双眼，让我知道这个世界色彩斑斓。

健全夫妻终于明白了，他们一直都在按照自己想法生活，从来没有考虑过对方的感受。所以，他们总是相互埋怨，不断争吵。其实，在他们健康的外表下，隐藏着我们的看不到的残疾。

人生的路很长，只有学会分担，我们才能走得更远。

当你知道你所爱的人痛苦的时候，你只要紧紧地坐到他旁边，看着他、倾听着他的诉说、感受着他的苦楚。你能与他有心灵沟通和交流，这样，就可以给他带来些许的安慰。在我看来，真爱中的分担形式是多样的。一句慈悲的话、行动或念头，就可以减缓另一个人的痛苦，带给他喜悦。言语可以带来安慰和自信，摧毁疑虑，帮助他人避免犯错，或是打开解脱的大门。

哈佛人生箴言

分担是真爱的抓手，是慈悲的体现。拿什么爱你的父母，你的子女，你的朋友，你的情人？很简单，为他们分担就可以了。人生的路要走很长，也很艰难，只要我们学会分担，就可以走得更好更远。

第4讲 爱，需要多一些理解

泰戈尔曾经讲过，爱是理解的代名词。也就是说，在你爱的人面前，你在做任何事情做想任何事情，都会去理解或者考虑到对方的感受，对方的思想，只有这样，才是真爱。没有理解，就是有痛苦；没有理解的爱，往往是不会长久的；爱，没有理解的的话，常常会给生活带来惨痛教训。

有一对年轻的夫妻，丈夫打仗去了，留下身怀六甲的妻子独守家园。三年后，丈夫从军中退役，妻子带着他们的小儿子到村口迎接他。当这年轻夫妇重逢时，两人都忍不住流下喜悦的眼泪。他们很感激祖先的保佑，丈夫要求妻子到市场去买些鲜花、水果等供品，回来祭祖。

当妻子去买菜时，这年轻的父亲就要教他的儿子叫他爸爸。可是，小男孩拒绝了：你不是我爸爸。我爸爸每天晚上都会来，“先生，我妈就会陪他说话，一边讲还一边哭。妈妈坐下来，爸爸就坐下来。妈妈躺下来，爸爸就躺下来。”年轻的父亲一听，心都冷了。

妻子回来后，丈夫看也不看她一眼。这年轻人向祖先上香、献花果、礼拜，接着就把拜垫卷起来，不让他妻子祭拜，他觉得，他妻子无颜面对列祖列宗。之后，他走出家门，饮酒度日，整日在村子中闲逛。他妻子不明白他为什么这样。三天后，妻子再也忍受不了，终于投河自尽。

办完丧礼的那天晚上，这年轻的父亲燃起煤油灯，他的小儿子叫起来：“这是我爸爸！”他指着他父亲墙上的影子说：“我爸爸每天晚上都会这样子跑来，然后我妈妈都会跟他讲话，还不停地哭。我妈妈坐下来，他就坐下来。她躺下来，他就躺下来。”

几个月前，小孩问起他父亲，她就指着她自己在墙上的影子说：“这是你父亲。”她非常挂念他，她向她的影子哭诉：“亲爱的，你走了太久了，我一个人怎么带小孩？”

这年轻父亲恍然大悟，可是为时已晚。

年轻父亲因为没有理解她有一颗爱他的心，没有理解妻子爱他爱的是那么的深，所以，才导致自己的心爱的人永远离开自己。这出人间的惨剧就是因为缺乏理解。其实，真爱意即平等心、不执著、不分别，平常心或放下。如果你的爱有执著、分别、偏见或依恋，这就不是真爱。可以，丈夫对妻子没有真爱，因为执着误会而对妻子产生偏见。在我看来，真爱就是：“放下分别和偏见，移开彼此之间的界线。只要还把自己当成爱人的人，把他人当成被爱的人，只要还把自己看得比他人重要或是跟他人有所不同，就不是真的舍。想要理解和真正爱一个人，便要把自己放到‘他的立场’与他成为一体。做到这样，就不会有‘我’或‘他’。”

所以，学着去理解自己所爱的人，是对真爱的修行。我们由自身开始做起，理解自己的真实本性。只要仍旧拒绝自己，仍旧继续伤害自己的身心，去谈爱他人、接纳他人是没有任何意义的。有了正念，就有办法认识到我们习惯性的思考模式，以及我们思维的内容。有时候，思维会在原地打转，让我们在失去信心、悲观、冲突、悲伤、嫉妒中沉没。当我们的心是如此，我们的一言一行也就不由自主地表现出这些心念来，进而对自己及他人造成伤害。要在我们习惯性的思考模式中，照进正念的光芒，让我们能看得清楚。当念头或想法浮起时，立即觉察，并对它微笑。也许，这样就能使它止息，适当的注意可以带来幸福、平安、清晰以及爱。不适当的注意则会令心中充塞悲伤、愤怒、歧视。正念帮助我们修行适当的注意，灌溉心中平安、幸福、解脱的种子。

哈佛人生箴言

很多人追求真爱，希望得到真爱，可是，他们只在渴求中，不懂得用自己的修行去得到真爱，这样怎么也得不到真爱。让我们懂得什么才是真爱，让我们找到修行真爱的法门，去获得人生真爱。

第5讲　与你爱的人同行

与爱人交往，首要的是学会不干涉对方快乐的特殊方法，而是尽自己最大可能地同爱人同行，帮助爱人获得成功。把你的兴趣放在爱人的兴趣上，和对方共享胜利的喜悦，而当困难和麻烦来临的时候，就陪同爱人一起面对，帮助爱人成功，给对方幸福，而后分享这种幸福，是一个家庭成员最有价值、也最有意义的“终身职业”。

如果你有自己的工作或职业，但放弃它可以带给你爱人许多好处，你愿意放弃这个工作或职业吗?如果你不愿意，这堂课你就听对了。你一定只想使自己有成就，而不是要帮助爱人的成就。

帮助爱人获得成功，这本身就是一个需要专业精神的工作。除非你相信帮助爱人是一件非常重要，而必须付出你所有注意力的事，否则你就没有办法帮助你爱人了。

曾担任过英国首相的狄斯瑞斯认为，自己一生中或许会犯许多错误，却绝不会因为爱情而结婚，这个错误他是不会犯的。他的确是这样做的。他35岁以前一直过着单身的生活，直到那一年他遇到了一位有钱的头发花白的且比他大15岁的寡妇。于是他向她求婚了。她也知道他找她是为了她的钱，所以她告诉他，她要观察他一年再说。一年后他们真的结婚了。这故事听起来让人觉得太功利，太不浪漫了。事后发生的一切却让人大吃一惊。

他们的婚姻非常成功。他这位富婆妻子，既不年轻，也不美貌，更不聪明。她说话时常常发生文字和历史的错误。她对服装的兴趣古怪，对房间装饰的兴趣奇异，但重要的一点她却做得非常好，那就是她懂得怎样驾驭男人。她从不和丈夫对抗，当狄斯瑞斯在外面和别的夫人们唇枪舌战地谈得疲力尽回家以后，玛莉安能让他在轻松愉快的闲谈中放松下来。渐渐地，他变得越来越恋家了。因为在家里，有玛莉安的宠爱和温暖。家成为他获得心神安宁、并沐浴于玛莉安的敬爱的温暖的地方。她是他的伴侣、亲信和顾问，她是他最信任的人，是可以放心地征求意见的人。因此，他每天晚上结束了下议院的工作后，都会急急忙忙地赶回家，告诉她每日的新闻，而最重要的是玛莉安总是充满信心地鼓励他。

30多年间，玛莉安把全部的身心都放在了狄斯瑞斯身上，她尊重自己的财产，因为那会使狄斯瑞斯生活得更加安逸。她心甘情愿，认为这一切都是值得的。同时她也得到了，他把她看做是自己的主宰，他请求维多利亚女王封玛莉安为贵族。所以在1868年，她被封为毕根菲尔特女爵。

尽管玛莉安有时在公共场合表现得不好，但他从不批评她。当有人嘲笑她时，他就会立刻起来猛烈忠诚地护卫她。玛莉安不是完美的，但30年来，她从未厌倦谈论自己的丈夫，并30年如一日地鼓励和呵护他，这让狄斯瑞斯感到玛莉安是他一生最重要的人。

玛莉安有很多缺点，可狄斯瑞斯总是非常聪明地不去惹她生气。所以，他们的婚姻才会如此幸福长久。

正像亨利•詹姆斯所说的：“与人交往，如果对方没有严重影响自己的话，就不要阻碍他的快乐。”

梵斯特•乌德在《在家庭中一起成长》一书里也说：“要想有一个美满的婚姻，除了对方要合适外，自己也要让对方觉得合适。”

美丽、碧眼金发的彩泰·威尔斯，是著名的探险家卡维士·威尔斯的太太，当她认识未来的丈夫的时候，自己已经拥有非常着迷的职业。

彩泰是个成功的广播讲演的经纪人，在业务上与许多名人的接触使她得到了乐趣。卡维士·威尔斯也是因业务关系和她认识的，卡维士爱上她并且和她结婚——依照彩泰的条件，她可以继续从事使她着迷的工作，而且可以自由独立。

婚礼在三月举行。六月，卡维士·威尔斯要动身前往苏俄和土耳其，去爬阿拉拉特山。彩泰本来希望留在家里工作，但是等到时间接近的时候，她竟然没有办法使自己独自留下来。“只这一次和你去就好。”她说。于是他们就出发去探险了，那是一个艰难和挫折的梦魇——虽然这次历险使卡维士写出了那本畅销的书——《卡普特》。

当彩泰回到自己的工作岗位以后，发觉这些工作和这次的探险经验比起来，真是太没有味道，她曾经和卡维士共享过出生入死的经历啊。于是在一年半以后，她又和卡维士一同前往墨西哥，去爬帕帕卡提白特尔山。这又是一次严苛的体能考验。

彩泰大部分的时间都在寒冷、饥饿、疲惫和极度的惊吓之中度过。但是她同时也感到非常兴奋。

耶座山峰上冰凉的冷风，吹走了彩泰坚持要独立的最后一丝念头。她了解到，身为卡维士·威尔斯的妻子，是比在自己的工作上，所可能得到的任何程度的成功，都要更有价值的。当他们从墨西哥回来以后，彩泰就关闭了自己的办公室。她现在有时间跟着她的丈夫到地球最远的一端了——而这也正是她所做到的事。马来半岛的丛林、非洲、日本、冰岛、喀什米尔山谷一游历各地的威尔斯夫妇，他们的生活就像是一部特艺彩色的游记。

彩泰·威尔斯说：“那时候我认为，拥有自己的事业是很重要的，我很奇怪自己那时候怎么会那么孩子气。和我与卡维士共享的这些丰富经历比起来，我自己的生活是多么的无味和狭小啊。我把我的兴趣和他的合并起来，与他共享胜利和成功，而当失望和麻烦来临的时候，我们就一起面对它们。

“我想，我所曾经接受的最大的嘉勉，就是卡维士在他那本《卡普特》书上所写给我的题献辞：‘献给我最好的朋友——我的妻子，彩泰。’从没有人给我的赞赏像我的丈夫给我的爱之献语这样，使我感到这么大的成功和满足。”

彩泰•威尔斯是在很戏剧化的情况之下改变心意的，但是，许多女人发觉，增进她们所爱的丈夫的幸福与最大的利益，就是使得任何一个妇女感到最有价值的职业生涯了，彩泰就是一个典型的例子。

我并没有忽略许多由于环境的驱使，而离开家里到外头工作的妻子们和母亲们。我要以最深的尊敬，向她们致意。我相信妇女们应该有能力，以她们自己的努力来赚钱维持自己，可能会在什么时候变成负担家计的人，要负责家庭的食物、房租以及衣物。生病、死亡、失业和灾祸可能捣毁原先最好的计划。

哈佛人生箴言

与爱人交往，首要的是学会不干涉对方快乐的特殊方法，而是尽自己最大可能地与爱人同行，帮助爱人获得成功。

第6讲　爱，要给所爱的人带来喜悦

许多小事情也可以带来无比的喜悦，譬如说觉知自己有双好眼睛。只要睁开双眼，就可以看见蔚蓝的天、紫色的小花、稚儿、树木和许多多彩多姿的东西。我们可以接触到这些美妙和清新的东西，喜悦之心会油然而生。喜悦中有幸福，幸福中有喜悦。生活需要喜悦心，爱更要一颗喜悦心。所以，真爱总是替我们和我们所爱的人带来喜悦。如果我们的爱无法替双方带来喜，就不是真爱。

一对农夫夫妻，他们没有太多物质享受，更没有良好的经济基础，但他们之间也不乏有情调的婚姻生活。男人从田野回来，顺便会给女人摘一束野花，女人会在上面嗅个不停，随后会灌一啤酒瓶清水，把花插在上面养着；有时，男人会带来一些野果，放到女人嘴里，把女人酸得直咧嘴……女人闻的是花香，尝的是酸果，但在她心里荡漾着的确是一种甜美。男人看着女人嗅着花香和酸得直咧嘴的模样，这时候，他感到自己的女人是天下最美的，心里同样满揣着幸福。

为什么没有太多物质享受，更没有良好的经济基础，没有玫瑰，也没有烛光晚餐，但这对夫妻却显得那么幸福呢？很简单，他们能给彼此带来了喜悦。两个人有喜悦心，所以才幸福。真爱离不开喜悦，真爱就是给所爱的人带来喜悦；喜悦更是维持真爱的秘诀。在东方，很多人会有这样的经历：

两个人在恋爱的时候，常把这份独特的感情与生活分开来经营。这个时候，恋爱是奢侈的，两个人总会找一些由头，或而去喝一杯咖啡，或而去意大利餐厅去品尝名厨的菜肴，或而给女友送去一大捧鲜艳的玫瑰……一次花去几百美元也觉得没有什么不值，因为两个那种浪漫的感觉是在是太好了。结婚以后就不同了，似乎是婚姻把两个人从恋爱的浪漫拉回到生活的现实中来，恋爱时一次旅行的价钱，现在可能是两口子一年的油米钱。这个时候，生活没有了咖啡、牛排，没有了花前月下，一点情调都没有了，两个人之间好像全是洗衣、做饭和油盐酱醋茶，婚后的生活伴随着时间的流逝，恋爱中的那种心跳的感觉，含情脉脉的眼神，有情调的一点一滴仿佛都被现实生活所吞噬。他们要么任由自己的婚姻死气沉沉，两个人在一起只是凑合着过，要么迅速“散伙”，结束自己那令人感到麻烦而又无趣的婚姻。

很多人不知道为什么婚前婚后会两个样，告诉你，这就是缺少喜悦心而造成的。真爱在婚前充满喜悦中而浓，在婚后没有喜悦中而淡。所以，爱对方，就给他喜悦；用喜悦维持你的真爱。我们的心有如一片田野，土地里藏着正面和负面的种子。我们必须觉知所有各式各样的种子。当我们接触到心中的痛苦时，也要知道尚有其他种子的存在。我们的祖先将痛苦的种子传递给我们，但他们也给了我们平安、自由、喜悦及幸福的种子。即使这些种子埋藏在意识深处，我们仍可灌溉它们，帮助它们茁壮起来。接触心中的喜悦、平安、自在、安稳及爱的种子是很重要的修行。我们也邀请朋友同样地接触我们这些种子。如果我们爱某人，我们每天都需要觉察并接触在他心中的正面种子，不要他浇灌愤怒、沮丧和仇恨的种子。这样，可以帮助他朝健康与幸福的方向成长。

哈佛人生箴言

真爱总是替我们和我们所爱的人带来喜悦。如果我们的爱无法替双方带来喜，就不是真爱。学会为真爱播下喜悦的种子，这样，让真爱生长、保持。

第7讲　爱情，平平淡淡才是真

有一种爱情像烈火般的燃烧，刹那间放射出的绚丽光芒，能将两颗心迅速融化；也有一种爱情像春天的小雨，悄无声息地滋润着对方的心灵。前者激烈却短暂，后者平淡却长久。其实，生活的常态是平淡中透着幸福，爱情归于平淡后的生活虽然朴实但很温馨。平淡的不是心中的情感，而是对这份情感的态度。在我看来，爱得越深，表现得越淡，那是轻易把弄爱，把爱珍藏起来，所以，看似平淡，其实包含着爱的厚重。

爱不在于瞬间的悸动，而在于共同的感动与守候。的确，唯有平淡，爱才会长久；唯有平淡，才会透露出诱人的芳香。我们常常会看到类似这样的故事：

有一对中年夫妇，是朝九晚五的上班一族。每天早上，先生先下楼发动车子，妻子拿着包，一手拿一个男式公文包，一手挎个女式包。走出楼梯口以后，先生打开车门，接过妻子手中的两个包，把它们放在车里，然后让妻子在车后座坐稳了，最后车子载着他们平稳地向前驶去。

先生从来都不会忘记回过头关照一下他的妻子，只见她如小公主一般幸福地坐在车后座上脸上洋溢着满足。先生举手投足间则透着对妻子的关爱，而妻子满脸的幸福也是对丈夫最好的报答。

几十年来，无数个朝朝暮暮，他们都是这么平静地生活着。岁月在他们脸上毫不留情地留下了皱纹，然而他们的心却依然年轻，仿佛还是热恋中的少男少女。骑着自行车的男人对妻子的爱虽然谈不上奢侈，但却是最朴实、最真切、最贴心的，它细微而持久，有如三月春雨沥沥地轻洒在妻子的心田。

这就是地老天荒的爱情，不必刻意追求什么轰轰烈烈的感觉；生活的点滴之中，就有一种“执子之手，与子偕老”的默契。细水长流的爱情，像春风拂过，轻轻柔柔，一派和煦，让人沉醉入迷。所以，爱情不是传说，是生活的现实，需要两个人用心去体验、去感觉，才能酿造出幸福的果实。

有一对小夫妻原本感情很好，但妻子生完孩子之后，他们便开始了分床而居的生活。白天工作已经很辛苦了，晚上还要应付小孩子，渐渐地他们两个人之间的话越来越少。“我有个郑重的要求。”妻子首先意识到了他们之间潜伏着的危机，一天，她突然对丈夫说。“你有什么要求?这么郑重其事的样子。”丈夫漫不经心地问。“每天抱我一分钟，好吗?”丈夫看了妻子一眼，笑着说：“都老夫老妻的了，有这个必要吗?”“我提出了这个要求，就说明十分有必要。你发出了这样的疑问，就证明更有必要。”妻子坚持着说。

“情在心里，何必表达。”丈夫回答道。“当初你要是不表达，我们就不可能结婚。”妻子有点不满地说道。“当初是当初，现在不是更深沉了吗?”丈夫解释说。“不表达未必就是深沉，表达了未必就是矫饰。”妻子仍然坚持。两人终于你一句我一句地吵了起来，最后，为了能早点平息这场战争，上床安息，丈夫妥协了。

他走到床边，抱了妻子一分钟，笑道：“你这个虚荣的家伙!”“每个女人都会对爱情虚荣。”她说。此后每一天，他都会抽个时间抱她一会儿，有时是一分钟，有时是10分钟，有时甚至更长。渐渐地，两人的关系充满了一种新的和谐。在每天拥抱的时候，虽然两人常常什么话也不说，但是这种沉默与以前未拥抱时的沉默在情感上却有着天壤之别。终于有一天，妻子要去外地长期进修。临上火车前，她对丈夫说：“你现在终于暂时获得解放了。”“我会想着抱你的。”丈夫笑道。果然，她到学院的第二天就接到了丈夫的电话，异常温柔地说：“我想念那一分钟的拥抱了。”顿时，她的眼睛里渗出了幸福的泪水。

对于相爱的男女来说，在激情飞越的碰撞之后，婚姻就会质朴得如同一位村姑。人们常常以“平平淡淡才是真”为借口，逃避对长久拥有的那份感情的麻木和粗糙，却不明白，如果我们用心去经营、用心去表达，那在我们掌心和胸口的爱情怎么会变得越来越冷呢？

哈佛人生箴言

无需羡慕别人爱的持久，如果你能安于平淡，在点滴中品尝生活的真味，你也可以爱得持久。

第8讲 爱别人，才有人爱自己

不可否认，我们每个人都希望得到别人的爱，希望世上所有的人对自己善良。那么，我们每个人心中所期望的这份爱来自哪里呢？没什么有人总能获得自己满意的那份爱，而有些人总是很少得到别人的爱怜呢？这些问题其实不难找到答案。

爱是阳光，让心灵的鲜花开放；爱是雨露，滋润仇恨的心灵；爱是和煦的微风，吹去心头的阴影。世界是互动的。你给世界多少爱，世界就会回报你多少爱。当接受别人爱的同时，不要忘记给别人关爱。爱给人的收获远远大于恨带来的暂时满足。重要的是改变世界前先试着改变自己。一个人少爱，得不到爱，是因为他没有一颗爱别人的心，因为爱是相互的，你付出多少爱，才有可能得到他人的爱。

有一个年轻人，由于在生活中遇到了很多的误解和挫折，他感觉整个世界都在跟他作对，感受不到人间的爱。在不可摆脱的抑郁中，他度日如年，精神几乎要崩溃。

有一天，他登上了一座景色宜人的大山。看到那些成功人士悠闲地欣赏着美丽的风景，想想自己这些年的遭遇，他内心的烦恼像洪水一样在内心翻滚，他忍不住大声喊道："我恨你们！我恨你们！我恨你们！"

没想到，空荡幽深的山谷传来比他的声音大百倍的回声："我恨你们！我恨你们！我恨你们！"似乎千山万壑都在回应。旁边正在旅游的人也莫名其妙地看着他。

他越听越烦。不论走到哪里，这些怨恨的声音都在围绕着他，扰得他更加恼怒。

就在他烦躁不安时，突然从身后传来了“我爱你们！我爱你们！我爱你们！”的声音。他扭头一看，只见离他不远处的地方有一个老者在冲着他喊。

老者微笑着向他走来，年轻人便一股脑向他说出了自己内心的苦恼。

听了他的讲述，老者笑着说：“世界是一堵墙壁，那么爱是世界的回音壁。就像刚才我们的回音，以什么样的心态说话，它就会以什么样的语气给你回音。你不妨先改变自己的习惯，试着用友善的心态去面对周围的一切，你会有意想不到的快乐。”

青年听了老者的话，对着山谷喊道：“我爱你们，我爱你们！”山谷传来了同样的回音，周围的人们也在对他友好地微笑。

回家后年轻人以积极、健康、友善的心态对待身边的一切，他和别人之间的误解消除了，再没有人和他赳不去，工作上他比以往顺利多了，他也发现自己比以前快乐多了。

爱是世界的回音壁。的确，在生活中我们每个人都应该记住，世界是互动的，你给世界多少爱，世界就会回给你多少爱。很多时候，爱不仅能换来爱，爱还可以化解心中的恨，这是爱给人带来最大的回馈。

这是一个大雪纷飞的晚上，杰克开着车，走在回家的路上。

他心里非常难过和不安，不知道回家怎样和妻子交代。他该怎么开口呢？工作还是没有找到。圣诞节快来了，希望是不是也要随之破灭呢？

想起妻子，他心里就觉得很对不住她，心里的焦急差点让他错过了路边一个向人求助的老太太。他可以看出，老太太是多么需要帮助啊。

杰克停下了车。

老太太看见杰克向她走来，不禁神情紧张。她在这里等了很久，没有一个人肯停下来帮助她。

“他会伤害我吗？”她这样想着，打了一个寒颤。

杰克看出她的紧张和恐惧，便微笑着她说：“夫人，您别害怕。我是来帮助您的。”他看看她的车，轻声说，“我看您的车没有太大毛病，我一会就可以给您修好。”说着，他蹲下身爬到了老太太的车底。

一会功夫，杰克拍拍身上的雪，轻松地对老太太说：“好了夫人，这下您的问题解决了。”

“年轻人，真感谢你。请问，我要向你付多少钱呢？”她接着说，“我真的对你感激不尽。我等了一个多小时，只有你肯帮我。不管你要多少钱，我都会给你。”

杰克帮她关上后备箱，愉快地说：“我怎么会要您的钱呢？您赶快上路吧，祝您安全到达目的地。如果您真心想谢我，请您再去帮助那些需要帮助的人吧！”

老太太感动地和杰克说再见，开车上路了。

老太太开着车沿着这条道路行使了几英里，她看见路边有家小小的咖啡馆。“我该停下来喝杯热茶，暖暖身子。”她这样想着，下了车。

她刚走进咖啡馆，一名面带微笑的女侍者便朝她走来。侍者始终甜甜地微笑着，让她觉得心情真是出奇地好。

“我今天真是幸运，都遇到这么好的人。”她在心里想着。突然，她瞟见了女侍者隆起的腹部，天啊，她身孕至少已有七八个月了。

结账的时候，老太太拿出100美元买单，女侍者忙拿着这100美元去柜台找零钱。

当她拿着零钱再回来的时候，却不见了客人，忽然看到她所坐过的餐桌上有一张写了字的餐巾，上面写着：“亲爱的孩子，也许，这一点钱能帮助你什么。我知道，你一定正需要它。但是，你并不会因此而欠我什么，我曾经跟你一样，有人曾经帮助我，就像我现在帮助你一样。如果你真想回报我，就请在别人需要的时候，也尽力去帮助别人吧，祝你好运。”女侍者顿时热泪盈眶。

女侍者下班回到家后，看到找工作回来的丈夫，便主动给了他一个温存的吻，柔声说：“亲爱的，我第一天上班就得了80美元的小费，一切都会好起来的。我爱你，杰克。”

我们的爱有时会获得意想不到的结果，甚至有时我们都无法察觉。威廉•握兹涯斯说过："一个好人生命中最珍贵的那一部分，就是他微小、默默无闻、不为人知的、发自仁慈与爱的善行。"我们没有理由抱怨这个世界缺少爱，没有理由抱怨生活中人情淡薄，没有理由抱怨他人仇恨自己。而是要反观自己，看看自己对这个世界付出了多少爱。一个人得不到爱的眷顾，那不是世人的无情，而是自己做的不够。

哈佛人生箴言

做一个好人吧！只有好人心才能保持真正的宁静，爱心是给自己的心灵带来最大的慰藉。因为你的善行，会让我们的周围变得更加和谐，更加阳光。

第9讲　爱这世间一切生命

悲悯一切生命，珍爱一切生命，这是所讲的大善。可是，人作为万物之灵长，却似乎并不愿承认这一戒律。而且总是以自己所占的优势去践踏和摧残那些无辜的生命。

一座山上住着一位智者，山下的村里有什么疑难问题，村民们都上山来向他请教。

村民们说没有任何事情能难住老人家。

有一个聪明又调皮的孩子想故意为难那位智者，他捉住了一只小鸟，握在手中，跑去问智者："听说您是最有智慧的人，但我却不相信。假如您能猜出我手中的鸟是活的还是死的，我就相信了。"

智者注视着小孩子狡黠的眼睛，心中有数。假如自己回答小鸟是活的，小孩会暗中加劲把小鸟掐死；假如回答小鸟是死的，小孩定会张开双手让小鸟飞走。

智者于是拍拍小孩的肩膀说："这只小鸟的死活，就全看你的了。"

看看这个孩子吧。一个小孩就可以决定一只小鸟的生死，人类是否可以重新审视一下自己的天性和良知？人类为了自己的生存，遵循物竞天择、弱肉强食的生存规则是无可厚非的，否则，我们就只能自取灭亡。但我们绝不能因为自己是万物之灵长就可以像那个小孩一样任意将其他的生命握在手中，用我们的意志去决定它们的生死。因为那是一种罪，一种恶，而且是大恶。

可是，遗憾的是，很多人认为人才是生命的主宰，从而忽视对其他生命的珍惜。现时社会上很多人肆无忌惮地屠杀生灵，其方式多种多样骇人听闻：有人如儿童般拿动物作玩具，杀生取乐；有人以打猎为生，猎杀动物以牟利；有专门从事屠宰的，屠杀无数的生命而不知有罪过；更多的是为了自己的口腹而杀生；利用现代科学技术所制造的枪支弹药、捕鱼工具、宰杀机器等无情地残杀着众多的生命。野生动物原有的栖息地，在工业文明的冲击下遭受到前所未有的破坏，濒临灭绝的动物种类很多。许多人只重视人的生命，无视其他众生的生命。只有懂得佛学和科学的人才知道平等地珍惜一切生命。

这一年美国经济萧条，饥饿不堪的人们围了两个山头，要把这个范围的猴子赶尽杀绝，不为别的，就为了肚子。零星的野猪、鹿子已经解决不了问题，饥肠辘辘的山民把目光转向了群体的猴子。

这天，有两个老猎人为了追击一只母猴来到被砍伐后的秃山坡上。母猴怀里紧紧抱着自己的崽，匆忙地沿着荒脊的山岭逃窜。两个老猎人拿着猎枪穷追不舍，他们是有经验的猎人，知道抱着两个崽的母猴跑不了多远，于是他们分头包抄，和母猴绕圈子，消耗它的体力。母猴慌不择路，最终爬上了空地上一棵孤零零的小树。上了树的母猴再无路可逃，它绝望地望着追赶到跟前的猎人，更坚定地搂住了它的崽。

绝佳的角度，绝佳的时机，两个猎人同时举起了枪，正要扣扳机，他们看到母猴突然做了一个手势，两人一愣，分散了注意力，就在犹疑间，只见母猴将背上的、怀中的小崽儿，一同搂在胸前，喂它们吃奶。两个小东西大约是不饿，吃了几口便不吃了。这时，母猴将它们搁在更高的树杈上，自己上上下下摘了许多树叶，将奶水一滴滴挤在叶子上，搁在小猴能够够到的地方。做完了这些事，母猴缓缓地转过身，面对着猎人，用前爪捂住了眼睛——

母猴的意思很明确：现在可以开枪了……

母猴的背后映衬着落日的余晖，一片凄艳的晚霞和群山的剪影在暮色中摇曳，两只小猴天真无邪地在树梢上嬉戏，全不知危险近在眼前。

猎人的枪放下了，永远地放下了……

人权往前推演一步，就是动物权，就是承认众生平等，承认动物也有其生存和发展的权利。于是，人本主义被质疑，人权受到挑战。凭什么以人为中心，以人的意志和利益来规定这个世界的秩序?凭什么以人的无节制的欲望，来剥夺动物的生存和发展的权利?

哈佛人生箴言

对于人类，对于世俗社会，其伦理原则当为：可以杀生，但不要超出你自己的生存需求，不要危及被食用者的物种生存，不要赶尽杀绝，不要暴殄天物，不要无端地残害生命。